Safiya Yahaya Daniyan
Ojo Ayodeji

Prevalência e suscetibilidade antimicrobiana de patogéneos da urina na Nigéria

Safiya Yahaya Daniyan
Ojo Ayodeji

Prevalência e suscetibilidade antimicrobiana de patogéneos da urina na Nigéria

Um estudo de caso

ScienciaScripts

Cover image: www.ingimage.com

This book is a translation from the original published under ISBN 978-3-659-90121-8.

Publisher:
Sciencia Scripts
is a trademark of
Dodo Books Indian Ocean Ltd. and OmniScriptum S.R.L publishing group

120 High Road, East Finchley, London, N2 9ED, United Kingdom
Str. Armeneasca 28/1, office 1, Chisinau MD-2012, Republic of Moldova, Europe
Managing Directors: Ieva Konstantinova, Victoria Ursu
info@omniscriptum.com

Printed at: see last page
ISBN: 978-620-8-62865-9

ÍNDICE DE CONTEÚDO

DEDICAÇÃO

Dedico este trabalho aos meus falecidos pais, Sr. e Sra. Felix Ojo. A vossa memória viverá para sempre em mim. E ao meu pai e à minha mãe espirituais, Rev (Dr. e Sra.). Kunle Salami pelo seu apoio e amor.

RECONHECIMENTO

Toda a glória e louvor a Deus Todo-Poderoso pelo Seu amor e graça derramados sobre mim. O meu apreço vai para a minha supervisora, a minha mamã muito especial, a Dra. (Sra.) S. Y Daniyan, pelo seu imenso esforço em tirar o melhor de mim. Agradeço também ao Diretor do Departamento, Prof. S. B. Oyeleke, pelo seu amor paternal. O meu conselheiro de nível, Mal. J. A. Momoh. Todos os professores do departamento; Prof. U. J. J Ijah, Prof. M. Galadima, Prof. S. A. Garba, Dr. J. D. Mawak, Dr. I.O. Abdullahi, Dr. M. E. Abalaka, Mal. A. Abdulrahman, Mal.F. A. Kuta, Sr. O. P. Abioye, Mal. Adabara N. U., Dr. (Sra.) H. Babayi, Sr. D. J. Bala, Srta. R. Abdulsalam. Dr. Bankole Olawale Benjamen (M.B.B.S) da UTH Ado Ekititi pela sua ajuda durante a investigação. Os meus agradecimentos especiais vão também para os meus maravilhosos pais; o falecido Sr. e a Sra. Ojo, apesar de já não estarem vivos, mas as vossas palavras de coragem e conhecimento vivem em mim. Amo-vos e tenho saudades vossas. O meu abençoado pai e a minha mãe, o Rev. (Dr.) Kunle Salami, que sempre estiveram presentes para satisfazer as minhas necessidades. São os pais mais espantosos que já conheci e o Dr. e a Sra. Oyero do departamento de pescas da Universidade Federal de Tecnologia de Minna, a Sra. Monisola Oloro, obrigado pelo vosso amor e apoio. Agradeço também à minha irmã e "mãe" Akerele Folakemi, que provou ser digna de mãe. Obrigada pelo teu apoio e amor por mim. Os meus agradecimentos especiais vão também para uma amiga especial, carinhosa e inestimável, a minha própria Ogbonniaye Ibunkun Ayodeji, pelo teu apoio moral e espiritual. És tão único. Gosto muito de ti. Não esquecendo os meus irmãos e irmãs, Ojo Peter, Ojo Adeola, Ojo Seyi, Ojo Omolola, Ogunlade Kemisola, Adams Morolake, Adams Emmanuela, Adams Alex, Ozo, Yemi, Seun, Yetu, Dami, Orija Bamikole, Orija Anthony, Sola-Ojo Oluwanifemi, Osho Oluwayemisi, Ruth O. John, Soji, vocês são verdadeiramente meus. Finalmente, aos colegas do departamento de microbiologia, obrigado pela vossa preocupação e contribuição.

Resumo

Este estudo foi realizado para determinar a prevalência e a suscetibilidade das bactérias associadas à infeção do trato urinário (ITU) de pacientes com e sem cateter no Hospital Universitário Ado Ekiti, no Estado de Ekiti, na Nigéria. Foi colhida urina limpa a meio do jato de 130 pacientes (57 do sexo masculino e 73 do sexo feminino) e efectuada uma cultura em placas de ágar CLED. Os isolados microbianos foram identificados e foi efectuado um teste de suscetibilidade. A prevalência da infeção do trato urinário foi significativamente mais elevada nas mulheres (68,5%) do que nos homens (45,6%). Setenta e seis (58,46%) culturas de urina foram positivas para agentes patogénicos microbianos com 82 isolados microbianos. Em geral, 55 (67,07%) isolados eram gram-negativos e 27 (32,93%) isolados eram gram-positivos. Os doentes com cateter 24 (29,26%) e os doentes sem cateter 58 (70,73%) isolados. *Escherichia coli* 26 (31,7%) foi o isolado mais prevalente, seguido de *Staphylococcus aureus* 18 (21,9%) e *Klebsiella spp* 10 (12,2%). O padrão de suscetibilidade aos antibióticos in vitro dos isolados revela uma elevada resistência aos antibióticos comuns utilizados. A nitrofurantoína tem a maior atividade antibiótica, seguida do cloranfenicol, do ácido nalidíxico, da tetraciclina e da ofloxacina, mas a maior resistência foi demonstrada pela amoxicilina, cloxacilina, augumentina, cotrimoxazol e gentamicina. A partir dos resultados obtidos, a ITU na instituição é causada por agentes patogénicos microbianos multi-resistentes, o que tem como consequência a administração de terapia antibiótica profiláctica. Este problema chama a atenção para a importância da realização de testes de suscetibilidade antimicrobiana antes da terapia antibiótica empírica.

CAPÍTULO 1

1.0 INTRODUÇÃO

As infecções do trato urinário (ITU) são a segunda infeção mais comum na prática comunitária. A nível mundial, cerca de 150 milhões de pessoas são diagnosticadas com ITU todos os anos, o que custa à economia global mais de 6 mil milhões de dólares americanos (Zakaria, 2005). Trata-se de uma doença grave no ser humano devido à sua frequência, recorrência e dificuldade de erradicação. As ITU são mais comuns nas mulheres do que nos homens, devido a razões anatómicas e fisiológicas (Stephan, 2003). Devido à sua posição, o urinogénio é mais vulnerável à infeção bacteriana causada pela flora interna e externa. As ITU de risco incluem os bebés, as mulheres grávidas e os idosos, bem como as pessoas com cateteres de demora, diabetes e anomalias urológicas subjacentes (Foxman e Brown, 2003).

A infeção do trato urinário (ITU) ocorre normalmente quando as bactérias entram na abertura da uretra e se multiplicam no trato urinário. Estima-se que cerca de 20 a 30% das mulheres adultas sofrem de ITU pelo menos uma vez durante a sua vida. No entanto, o seu impacto e frequência variam consoante a população (Nakhjavani *et al.,* 2006). A infeção do trato urinário é normalmente causada por espécies de *Enterobacteriacea.* Esta família proporciona uma infeção fatal cinco vezes mais frequente do que há 20 anos atrás. Além disso, 72% das infecções são adquiridas enquanto os doentes estão no hospital. Estas infecções hospitalares igualam ou excedem em frequência as infecções hospitalares com *Staphylococcus aureus* mais conhecidas. A flora intestinal endógena, incluindo *Escherichia coli, Enterobacter*, *Klebsiella*, Enterococci e *Proteus*, são agentes patogénicos comuns do trato urinário e potenciais colonizadores de cateteres urinários. O equipamento e as mãos dos profissionais de saúde inadequadamente descontaminados podem introduzir bactérias ambientais e da pele comum durante a inserção ou manutenção do cateter urinário (Maki e Tambyah, 2001). Por conseguinte, *Pseudomonas*, *Serratia, estafilococos* coagulase-negativos*, Acinetobacter* e outros micróbios não intestinais ou ambientais podem resultar em IACS associadas aos cuidados de saúde (APIC, 2008).

A Klebsiella sp e *a P. aeruginosa* são membros das Enterobacteriaceae que se encontram habitualmente no intestino, podendo ter sido introduzidas no orifício urinário devido a uma higiene pessoal reduzida, como a limpeza incorrecta do períneo, que se encontra próximo do orifício urinário (Daniyan *et al.,* 2010). Um cateter é definido como um tubo de drenagem que é inserido na bexiga através da uretra, é deixado no local e está ligado a um sistema de drenagem fechado. O cateter é por vezes designado por "cateter de Foley" ou cateter urinário de demora (APIC, 2008).

A infeção do trato urinário (ITU) não pode ser identificada simplesmente pela presença de bactérias numa amostra esvaziada, uma vez que a micção liberta organismos uretrais saprófitas juntamente com a urina. Assim, é de esperar um certo número de unidades formadoras de colónias de uropatogéneos na amostra de urina. A colheita a jato médio é o método mais comum de amostragem de urina utilizado em adultos. Quando a urina não pode ser estudada sem demora, deve ser armazenada a 4°C até ser enviada para o laboratório de bacteriologia. A tira-teste de urina é o meio mais fácil de diagnosticar qualitativamente uma ITU. Este teste detecta leucócitos e nitritos. A deteção simultânea dos dois é altamente sugestiva de ITU. Este teste é 95% sensível e 75% específico, e o seu valor preditivo negativo é próximo de 96% (Pappas, 1991).

O risco de infeção do trato urinário (ITU) depende de uma série de factores, incluindo a idade, o sexo, o estilo de vida, a anatomia e o processo da doença. Quase metade das mulheres desenvolverá uma infeção da bexiga ao longo da vida, devido ao curto comprimento da uretra feminina. As doenças ou condições subjacentes que levam à obstrução urinária, incluindo anomalias genéticas, prostatite, cálculos renais e outras, aumentam o risco de ITU. A incapacidade de manter uma boa higiene, a dificuldade em urinar e a incontinência também podem aumentar o risco de IU (APIC, 2008).

Desde os primeiros dias da notificação nacional de infecções nosocomiais, verificado que as ITU ocorrem mais frequentemente do que outras infecções associadas aos cuidados de saúde, representando 36% de todas as IACS nos Estados Unidos (Klevens , *et al.,* 2007). A maioria das ITU associadas aos cuidados de saúde está associada a um cateter urinário de demora. O risco de contrair uma ITU depende do método de cateterização, da duração da utilização do cateter, da qualidade dos cuidados com o cateter e da suscetibilidade do hospedeiro (Crouzet *et al.,* (2007). Os estudos demonstraram uma correlação forte e direta entre a utilização de cateteres durante mais de seis dias e a ocorrência de IACS. No mesmo estudo, também foi relatado que a bacteriúria é quase universal no 30º dia de cateterização (Maki e Tambyah, 2001).

As IACS podem levar a complicações como cistite, pielonefrite, bacteremia por gram-negativos, prostatite, epididimite e orquite nos homens e, menos frequentemente, endocardite, osteomielite vertebral, artrite séptica, endoftalmite e meningite em todos os doentes. As complicações associadas às IACS causam desconforto ao doente, prolongamento do internamento hospitalar e aumento dos custos e da mortalidade. Todos os anos, mais de 13.000 mortes estão associadas a ITU (Klevens e Edward, 2007). Numa revisão da literatura efectuada em 2000 por Saint (2000) sobre infecções do trato urinário relacionadas com a utilização de cateteres urinários, foi referido que 26% dos doentes com cateteres de demora durante dois a 10 dias desenvolvem bacteriúria, após o que 24% dos doentes com bacteriúria desenvolvem uma ITUC. Destes doentes, aproximadamente 3% desenvolverão bacteriémia.

1.1DECLARAÇÃO DO PROBLEMA

Embora não tenha sido registada nenhuma morte no período em que esta investigação foi realizada, a frequência de ocorrências e a resistência aos antibióticos nas bactérias associadas às ITU entre os doentes hospitalizados é preocupante.

1.2JUSTIFICAÇÃO

A infeção do trato urinário representa uma das doenças mais comuns encontradas na prática médica atual e ocorre desde o neonato até ao grupo etário (Raju e Tiwari, 2004). Para garantir uma terapia adequada, é obrigatório o conhecimento atual dos organismos que causam a ITU e a sua suscetibilidade aos antibióticos. No entanto, alguns investigadores chamaram a atenção para o perigo do abuso destes medicamentos com o consequente desenvolvimento de resistência, cujo efeito estamos a começar a observar no nosso ambiente. (Threfall *et al,* 1997; Oni *et al,* 2001; Oni *et al,* 2003; Livermore *et al.,* 2002; Daini *et al,* 2005). Por conseguinte, esta investigação foi levada a cabo para estudar a prevalência de ITU entre os doentes hospitalizados e a suscetibilidade aos antibióticos dos urinopatógenos no Hospital Universitário.

1.3FINALIDADE E OBJECTIVOS

AIM

O objetivo deste estudo é identificar as bactérias associadas a doentes com cateteres uretrais de demora e sem cateter e determinar os seus padrões de suscetibilidade a agentes antimicrobianos de uso corrente.

OBJECTIVOS

Determinar a prevalência de infeção por ITU entre os pacientes hospitalizados

Isolar e identificar as bactérias associadas às ITU, tanto em doentes com cateter como em doentes sem cateter.

Conhecer a suscetibilidade aos antibióticos das bactérias associadas às ITU.

CAPÍTULO 2

2.0 REVISÃO DA LITERATURA

As infecções do trato urinário (ITU) são um grupo de infecções do trato urinário. A ITU mais comum é a *cistite,* que é uma infeção da bexiga (onde a urina é armazenada). Outras ITU envolvem a uretra (uretrite) ou os rins (pielonefrite) (Victoria, 2008).

A infeção urinária bacteriana pode ser classificada de acordo com a localização da infeção em: uritrite (uretra), cistite (bexiga) ou pielonefrite (rim). Nos homens, a prostatite pode imitar uma ITU complicada. Em alternativa, a infeção do trato urinário pode ser classificada pela presença (sintomática) ou ausência (assintomática) de sintomas, a frequência da sua ocorrência, a presença ou ausência de complicações e, especialmente importante nos idosos, se a ITU está associada à utilização de cateteres (Merck *et al.,* 2009)

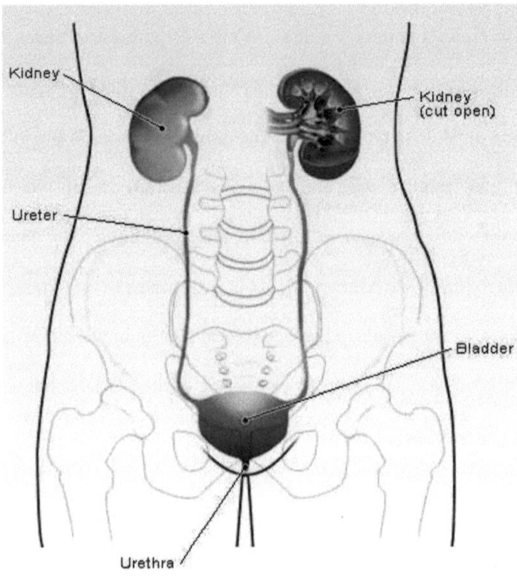

Figura 1.1: Estruturas do trato urinário

Fonte:www.health.vic.gov.au/edfactsheets (recuperado em 11/07/2011).

2.2.1 Bacteriúria assintomática: refere-se a uma bacteriúria significativa num doente sem sintomas. Representa uma colonização do trato urinário inferior análoga à colonização responsável pela flora microbiana normal de outro sistema de órgãos, por exemplo: o trato reparador superior. De acordo com Stevens *et al.* (2006), a infeção urinária pode ser assintomática, mas em muitos casos pode ser acompanhada de cistite, disúria e pielonefrite noutros.

Também foi referido que a bacteriúria assintomática é a presença de um número "significativo" de bactérias na urina sem a presença de sintomas. Este número significativo é definido como $>10^5$ CFU/ml de urina. Também foi referido que a presença de um organismo por campo de alta potência numa amostra de urina limpa, a meio do jato e sem alfinete representa uma bactéria significativa (equivalente a *>105)* (University of Michigan Health System, UTI Guideline, março de 2008).

2.2.2 Bacteriúria sintomática: refere-se a uma infeção bacteriana do trato urinário associada a sintomas. Foi referido que pode resultar da penetração na camada mais profunda da bexiga, o que causa febre baixa, micção frequente e urgente e micção dolorosa, ou seja, disúria.

A utilização perioperatória de cateteres urinários de demora tornou-se omnipresente. No final da década de 1990, os doentes eram expostos a cateteres urinários em 85% dos seus dias na unidade de cuidados intensivos. As elevadas taxas de utilização de cateteres perioperatórios têm como objetivo reduzir a disfunção vesical pós-operatória relacionada com a anestesia, a analgesia e a imobilidade. Qualquer benefício dos cateteres urinários para os doentes no pós-operatório é, no entanto, compensado pelo risco substancial de infeção do trato urinário (ITU), acumulado em relação direta com a duração da cateterização, estimado em 5% a 10% por cateter-dia para além das primeiras 48 horas de cateterização. As consequências das ITUs associadas ao cateter são significativas e incluem internamento hospitalar prolongado, bacteriemia, infeção da articulação protésica e morte, fornecendo assim uma forte justificação para limitar a duração do cateterismo urinário no pós-operatório a 48 horas, a menos que a disfunção vesical em curso impeça a remoção (Heidi *et al.,* 2008).

2.3INFECÇÃO URINÁRIA POR CATETER

Na cateterização urinária, um tubo de plástico conhecido como cateter urinário é introduzido suavemente na bexiga do doente através da uretra. O cateterismo permite que a urina do doente seja drenada livremente da bexiga para recolha, ou para injetar líquidos utilizados no tratamento ou diagnóstico de doenças da bexiga (http://en.wikipedia.org/wiki/Urinary_catheterization Retreived 10th April 2011). Os sinónimos utilizados pelos autores dos resumos para o termo cateter urinário incluíram cateter de Foley, cateter de coudee, cateter de demora, cateter suprapúbico e cateter de 3 vias. As exclusões utilizadas pelos autores do resumo para o termo cateter urinário incluíram cateterizar prn para urina residual, conduto ileal, cateter de entrada e saída, cateteres intermitentes ou pontuais, autocateterização e desvio urinário (Heidi *et al.*, 2008).

O cateterismo urinário é geralmente indicado para aliviar a obstrução do trato urinário, para permitir a drenagem urinária em doentes com disfunção neurogénica da bexiga e retenção urinária, para auxiliar a cirurgia urológica e para obter uma medição precisa do débito urinário em doentes clinicamente doentes. Estima-se que 4 milhões de doentes são submetidos anualmente a cateterização urinária e, por conseguinte, correm o risco de infeção associada ao cateter e respectivas sequelas (Taiwo e Aderounmu , 2006).

As infecções do trato urinário associadas a cateteres (ITUc) continuam a ser as mais comuns de todas as infecções nosocomiais, sendo responsáveis por cerca de 40% das infecções na maioria dos hospitais. Nos adultos, a presença de um cateter de demora foi associada a uma diminuição da incidência de infecções por *Escherichia coli* e a um aumento da incidência de *Pseudomonas aeruginosa,* um agente patogénico bacteriano oportunista que está a tornar-se cada vez mais importante devido à sua resistência aos antibióticos, especialmente às fluoroquinolonas, aminoglicosídeos e P-lactâmicos, o que resultou numa elevada taxa de insucesso clínico de aproximadamente 70% (Taiwo e Aderounmu , 2006).

A ITU associada a cateteres em doentes saudáveis é frequentemente assintomática e é provável que se resolva espontaneamente com a remoção do cateter. Ocasionalmente, a infeção persiste e leva a complicações como prostatite, epididimite, cistite, pielonefrite e bacteriemia por bactérias Gram-negativas, particularmente em doentes de alto risco (Taiwo e Aderounmu, 2006). A última complicação é grave, uma vez que está associada a uma mortalidade significativa, mas felizmente ocorre em menos de 1% dos doentes com cateteres (steere et al, 1979; kreger et al, 1980). As ITU associadas a cateteres são causadas por uma variedade de agentes patogénicos, incluindo *Escherichia coli, Klebsiella, Proteus*, enterococos, *Pseudomonas, Enterobacter, Serratia* e *Candida.* Muitos destes microrganismos fazem parte da flora intestinal endógena dos doentes, mas também podem ser adquiridos por contaminação cruzada de outros doentes ou pessoal hospitalar ou por exposição a soluções contaminadas ou equipamento não esterilizado (Taiwo e Aderounmu, 2006).

Embora a ITU adquirida na comunidade tenha sido bem investigada em diferentes grupos de doentes na Nigéria, apenas alguns estudos (Oni *et al,* 2003) investigaram e documentaram os agentes etiológicos da ITU associada a cateteres ou o seu padrão de suscetibilidade a agentes antimicrobianos (Taiwo e Aderounmu, 2006).

2.3.1 TIPOS DE CATETERES

Os cateteres existem em vários modelos básicos (Hanno *et al., 2001)*

Cateter de Foley: Um cateter de Foley (cateter urinário de demora) é retido por meio de um balão na ponta, que é insuflado com água esterilizada. Os balões existem normalmente em dois tamanhos diferentes: 5 cc e 30 cc. São normalmente fabricados em borracha de silicone ou borracha natural.

Um cateter Robinson: O cateter de Robinson é um cateter flexível utilizado para a drenagem de urina a curto prazo. Ao contrário do cateter de Foley, não tem balão na ponta e, por conseguinte, não pode manter-se no sítio sem ajuda.

Um cateter de Coudé: O cateter de Coudé foi concebido com uma ponta curva que facilita a passagem através da curvatura da uretra prostática.

Uma hematúria (ou hematúria): Um cateter de hematúria (ou hematúria) é um tipo de cateter de Foley utilizado para a hemostase pós-TURP. É útil após procedimentos cirúrgicos endoscópicos ou em caso de hematúria macroscópica. Existem cateteres de hematúria de 2 e 3 vias (duplo e triplo lúmen). (Hanno *et at., 2001)*

Um Texas externo ou preservativo: Um cateter externo do tipo Texas ou preservativo é utilizado para homens incontinentes e tem um risco menor de infeção do que um cateter de demora (Black, 1994).

Os diâmetros dos cateteres são dimensionados pela escala francesa de cateteres (F). Os tamanhos mais comuns são 10 F (3,3 mm) a 28 F (9,3 mm). O médico seleciona um tamanho suficientemente grande para permitir o fluxo livre de urina e suficientemente grande para controlar a fuga de urina à volta do cateter. Pode ser necessário um tamanho maior quando a urina é espessa, com sangue ou contém grandes quantidades de sedimentos. No entanto, os cateteres maiores têm maior probabilidade de causar lesões na uretra. Algumas pessoas desenvolvem alergias ou sensibilidades ao látex após a utilização prolongada de cateteres de látex, tornando necessária a utilização de cateteres de silicone ou de teflon. Os cateteres urinários revestidos com liga de prata podem reduzir as infecções (Jeffrey *et al.,* 2008). A Figura 2.2 abaixo mostra como o cateter é inserido na bexiga.

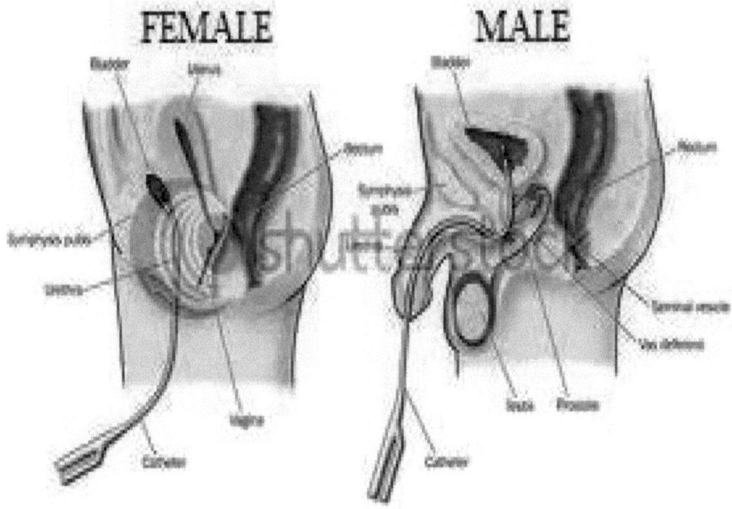

Figura 2.2 Órgão genital masculino e feminino cateterizado

Fonte: www.shurtterstock.com, (recuperado em 11/07/2011).

2.3.2 Manutenção do cateter

Um cateter que é deixado no local por mais do que um curto período de tempo é geralmente ligado a um saco de drenagem para recolher a urina. Isto também permite a medição do volume de urina. Existem dois tipos de sacos de drenagem: O primeiro é um saco de perna, um dispositivo de drenagem mais pequeno que se prende à perna através de elásticos. O saco de perna é normalmente usado durante o dia, pois cabe discretamente por baixo das calças ou saias e é facilmente esvaziado numa casa de banho. O segundo tipo de saco de drenagem é um dispositivo de maiores dimensões, chamado dreno inferior, que pode ser utilizado durante a noite. Este dispositivo é pendurado num gancho por baixo da cama do doente - nunca deve ser colocado no chão devido ao risco de infeção bacteriana (Williams & Wilkins, 2006).

Durante a utilização prolongada, o cateter pode ser deixado no local durante todo o tempo, ou o doente pode receber instruções sobre um procedimento para colocar um cateter apenas o tempo suficiente para esvaziar a bexiga e depois retirá-lo (conhecido como *auto-cateterização intermitente).* Os doentes submetidos a grandes cirurgias são frequentemente cateterizados e podem permanecer assim durante algum tempo. O doente pode necessitar de irrigação da bexiga com soro fisiológico estéril injetado através do cateter para eliminar coágulos ou outras matérias que não são drenadas (Williams & Wilkins, 2006).

2.4UTI NÃO CATETERIZADA

Pacientes externos com ITU que visitaram clínicas ambulatórias. Trata-se de uma ITU não complicada em que o doente consegue urinar sem a ajuda de um cateter. É comum a infeção do trato urinário inferior. Os organismos predominantes são *Escherichia coli Klebsiella* sp, especialmente *K. pneumonia,* são os segundos agentes patogénicos gram-negativos aeróbicos mais frequentemente isolados. *Proteus mirabilis, P. vulgarism.*

2.5EPIDEMIOLOGIA

A prevalência de ITU aumenta em ambos os sexos com a idade; o rácio mulher: homem é de 2:1 nos idosos. Estima-se que a incidência anual de ITUs bacterianas sintomáticas seja de 10% nos idosos. No entanto, como muitas destas infecções são recorrentes, a percentagem de doentes infectados é inferior. A bacteriúria assintomática é um achado comum nos idosos, especialmente nas mulheres; a prevalência cumulativa estimada é de 30% nas mulheres e 10% nos homens (Merck Sharp and Dohme Corp., 2010).

As infecções da bexiga são mais comuns nas mulheres jovens, sendo que 10% das mulheres têm uma infeção anualmente e 60% têm uma infeção em algum momento da sua vida (Nicolle, 2008). A pielonefrite ocorre entre 18-29 vezes menos frequentemente (Nicolle, 2008). Cerca de 1 em cada 3 mulheres terá tido pelo menos um episódio de infeção do trato urinário que requer terapia antimicrobiana até aos 24 anos de idade. Aproximadamente 5% das raparigas desenvolverão pelo menos uma infeção do trato urinário durante os seus anos de escolaridade.

A prevalência da bacteriúria parece aumentar com a idade nas mulheres, sendo ainda 50 vezes superior à dos homens. Estima-se que a bacteriúria ocorra em 20 a 50% das mulheres idosas e em 5 a 20% dos homens idosos. Em populações idosas não institucionalizadas, as infecções do trato urinário são a segunda forma mais comum de infeção, representando quase 25% de todas as infecções (Foxman e Brown, 2003). A condição raramente ocorre em homens com menos de 50 anos de idade e que não foram submetidos a qualquer procedimento geniturinário. No entanto, a incidência de infecções do trato urinário nos homens tende a aumentar após os 50 anos de idade (Foxman, 2003).

2.6A CLASSE DE RISCO DAS PESSOAS

As ITU de risco incluem os bebés, as pessoas com cateteres de demora, as mulheres grávidas e os idosos, a diabetes e as anomalias urológicas subjacentes (Foxman e Brown, 2003). Com o avançar da idade, a incidência de IU aumenta nos homens devido ao aumento do volume do pâncreas e à bexiga neurogénica, enquanto na comunidade as mulheres são mais propensas a desenvolver IU. Cerca de 20% das mulheres têm um único episódio de IU durante a sua vida e 30% das mulheres têm mais de um episódio de IU por ano. A gravidez também as torna mais susceptíveis a infecções.

2.6.1 INFECÇÕES NAS MULHERES

As mulheres são mais propensas a sofrer de ITU, provavelmente porque têm uretras mais curtas que, por conseguinte, deixam passar mais facilmente as bactérias para o trato urinário. As estatísticas mostram que uma em cada cinco mulheres desenvolverá uma IU durante a sua vida. Algumas mulheres são propensas a infecções recorrentes e é provável que continuem a ter recorrências nos 18 meses seguintes a uma IU. Em casos graves, isto pode ser ainda mais frequente. As ITU recorrentes são comuns em mulheres jovens e vigorosas, apesar de estas terem geralmente vias urinárias anatómica e fisiologicamente normais. As ITU são comuns durante a gravidez. A maioria das mulheres adquire bactérias antes da gravidez, enquanto 20-40% das mulheres com bacteriúria sintomática desenvolvem pielonefrite durante a gravidez. O tratamento da bacteriúria assintomática reduz o seu risco (Naber *et al.,* 2001; Daniyan *et al.,* 2010). Existe também uma possível ligação entre a prevalência de ITU entre os estudantes e o nível de higiene pessoal (Ojo, 2010; Daniyan *et al.,* 2010)

Na comunidade, as mulheres são mais susceptíveis de desenvolver IU. Cerca de 20% das mulheres têm um único episódio de IU durante a sua vida e 3% das mulheres têm mais de um episódio de IU por ano (Das *et al.,* 2006). A gravidez também as torna mais susceptíveis a infecções (Das *et al.,* 2006). A fonte comum de infecções *por E. coli* nas mulheres é a flora fecal. A colonização introital precede o desenvolvimento de infecções do trato urinário em mulheres e raparigas (Ojo, 2010). A ITU associada a cateteres é um problema grave, com cerca de 5% dos pacientes cateterizados a desenvolverem bacteriúria (Tambyah e Maki, 2000).

2.6.2 INFECÇÕES NOS HOMENS

Os homens não são tão propensos a ter IU como as mulheres, mas a infeção continua a ser comum. A glândula da próstata nos homens produz secreções que retardam o crescimento de bactérias e uma próstata saudável é uma das melhores defesas contra as ITU nos homens, embora estes desenvolvam ITU com mais frequência do que as mulheres. Com o avançar da idade, a incidência de ITU aumenta nos homens devido ao aumento da próstata e à bexiga neurogénica (Das *et al.*, 2006). As infecções recorrentes são comuns e podem levar a danos irreversíveis nos rins, resultando em hipertensão renal e insuficiência renal em casos graves (Das *et al.*, 2006).

2.6.3 INFECÇÕES EM CRIANÇAS

A ITU é uma infeção bacteriana comum que causa doenças em bebés e crianças. Pode ser difícil reconhecer uma ITU em crianças porque os sintomas e sinais apresentados são inespecíficos, particularmente em bebés e crianças com menos de 3 anos. O tratamento atual, que inclui imagiologia, profilaxia e acompanhamento prolongado, tem sobrecarregado os recursos dos cuidados primários e secundários do SNS. É dispendioso, baseia-se em provas limitadas e é desagradável para as crianças e angustiante para os seus pais (NHS, 2008).

A prevalência de ITU em bebés febris é maior com a idade, com uma taxa de quase 7% entre os recém-nascidos febris (Bachur *et al.*, 2001). A maioria das ITU em crianças resulta de infecções ascendentes, embora a disseminação hematogénica possa ser mais comum nas primeiras 12 semanas de vida. A maioria das ITU em crianças são monomicrobianas, frequentemente causadas por Escherichia coli (60 a 80 por cento dos casos), Proteus (mais comum em rapazes e em crianças com cálculos renais), Klebsiella, Enterococcus e estafilococos coagulase-negativos (Twaij, 2000). A evidência sobre os factores de risco de ITU em crianças é limitada. As ITU foram associadas a obstipação, encoprese, instabilidade da bexiga e micção pouco frequente em dois estudos (Loening-Baucke, 1997; Koff *et al.*, 1998), mas não numa coorte de crianças febris com menos de dois anos (Shaikh *et al.*, 2003). Não foi demonstrado que o banho e a limpeza de trás para a frente sejam factores de risco; além disso, os bebés que usam fraldas têm frequentemente ITU. As bactérias de uma fralda suja podem facilmente causar infecções, especialmente nas raparigas. Mesmo os bebés que são mudados e limpos regularmente podem contrair uma ITU (Victoria, 2008).

As infecções do trato urinário (ITU) são comuns nas crianças. Aos 5 anos de idade, cerca de 8% das raparigas e cerca de 1-2% dos rapazes já tiveram pelo menos uma. Nas crianças mais velhas, as ITU podem causar sintomas óbvios, como ardor ou dor ao urinar (xixi). Nos bebés e crianças pequenas, as ITU podem ser mais difíceis de detetar porque os sintomas são menos específicos. De facto, por vezes, a febre é o único sinal. As

ITUs ocorrem com muito mais frequência nas raparigas, especialmente nas que estão na idade de ir à casa de banho, porque a uretra das raparigas é mais curta e está mais próxima do ânus. Os rapazes não circuncidados com menos de 1 ano também têm um risco ligeiramente superior de desenvolver uma ITU (The Nemours Foundation, 2010).

2.7PATOGENESE

O organismo mais comum implicado nas ITU é a *E. coli* (80-85%) (Daniyan *et al.*, 2010), enquanto *o Staphylococcus saprophyticus* é a causa em 5-10% (Nicolle, 2008). A parede da bexiga, tal como a maioria dos epitélios, é revestida por uma variedade de péptidos antimicrobianos catiónicos, como as defensinas e a catelicidina, que perturbam a integridade das paredes celulares bacterianas (Ali *et al.*, 2009). Além disso, também estão presentes proteínas manosiladas, como as proteínas Tamm-Horsfall (THP), que interferem com a ligação das bactérias ao uroepitélio. Uma vez que a ligação é um fator importante no estabelecimento da patogenicidade destes organismos, a sua perturbação resulta numa capacidade reduzida de invasão dos tecidos. Além disso, as bactérias não ligadas são mais facilmente removidas aquando da micção. A utilização de cateteres urinários (ou outros traumas físicos) pode perturbar fisicamente este revestimento protetor, permitindo assim que as bactérias invadam o epitélio exposto.

Durante a cistite, *a Escherichia coli* uropatogénica (UPEC) subverte as defesas inatas, invadindo as células umbilicais superficiais e aumentando rapidamente o seu número para formar comunidades bacterianas intracelulares (IBC) (Justice *et al.*, 2006). Ao trabalharem em conjunto, as bactérias nos biofilmes criam estruturas que estão mais firmemente ancoradas nas células infectadas e são mais resistentes aos ataques do sistema imunitário e aos tratamentos com antibióticos (http://www.biofilmsonline.com/cgi-bin/biofilmsonline/00448.html recuperado em 8/07/2011). Esta é frequentemente a causa de infecções crónicas do trato urinário. Nos idosos, a relação mulher/homem na incidência de ITU diminui, em parte porque os homens idosos têm frequentemente obstrução da saída da bexiga devido a hiperplasia benigna da próstata. Além disso, a redução relativa da incidência de ITU nas mulheres idosas pode dever-se a uma diminuição da atividade sexual, que pode introduzir bactérias na bexiga. As ITU graves, particularmente as complicadas por septicemia com origem no trato urinário, tornam-se mais comuns com a idade, em parte devido à cateterização e instrumentação mais frequentes da bexiga e possivelmente devido a alterações no sistema imunitário.

As infecções recorrentes e complicadas são também mais comuns devido à maior frequência de factores anatómicos e fisiopatológicos predisponentes, como o prolapso, a urolitíase e as neoplasias malignas do trato urinário e do útero (Merck Sharp and Dohme Corp., 2010). Também foi referido que as bactérias proliferam na urina da bexiga estagnada e que se instala uma bacteriúria clinicamente importante. Uma grande quantidade de urina residual pós-esvaziamento é mais comum com um distúrbio neurológico, obstrução da saída da bexiga ou estenose uretral. A urina residual de 5 a 20 ml é bastante comum em pessoas idosas saudáveis. Os corpos estranhos, mais frequentemente cateteres vesicais de demora, também promovem o crescimento bacteriano. Em pacientes cateterizados, a bacteriúria clinicamente importante é estabelecida dentro de 14 dias, a menos que seja usado um sistema fechado e manuseado assepticamente (Merck Sharp and Dohme Corp., 2010).

2.8INFECÇÃO DO TRACTO URINÁRIO E BACTÉRIAS ASSOCIADAS

A infeção do trato urinário é normalmente causada pelas espécies de *Enterobacteriaea.* A família produziu uma infeção total cinco vezes mais frequente do que há 20 anos atrás. O próprio trato urinário é o órgão de recolha dos resíduos do corpo. Por conseguinte, alberga uma grande quantidade de micróbios, especialmente bactérias. As bactérias são o principal organismo unicelular que se encontra na urina. Os agentes patogénicos comuns que têm sido implicados nas ITU são principalmente organismos gram-negativos, sendo *a Escrichia coli* mais prevalente do que outros agentes patogénicos gram-negativos, incluindo *Klebsiella pneumonia, Enterobacter spp, proteus mirabilus, Pseudomonas aurignosa* e *Citrobacter spp.* (Mclaughlin e Cason, 2004; Mital e Wing, 2005; Blair, 2007)

Alguns organismos entéricos, como a *Pseudomonas*, também aderem ao cateter de urina e formam um biofilme na superfície, que depois actua como um reservatório para o crescimento (Shigemura *et al, 2006).* A infeção do trato urinário causada por bactérias segue uma progressão lenta e gradual dos sintomas, enquanto os doentes com bactérias de organismos gram-negativos progridem de uma saúde relativamente boa para a prostração em poucas horas. Além disso, 72% das infecções são adquiridas enquanto o doente está no hospital. Estas infecções hospitalares igualam ou excedem em frequência a mais publicitada infeção hospitalar por *Staphylococcus aureus.*

2.9SUSCEPTIBILIDADE AOS ANTIBIÓTICOS

Apesar da ampla difusão dos antibióticos, as ITU continuam a ser a infeção bacteriana mais comum na população humana (Sharm, 1997). A eficácia dos antibióticos atualmente disponíveis está a diminuir devido ao número crescente de estirpes resistentes que causam infecções (Nawaz et al., 2009). A resistência baseada na diminuição da entrada de fármacos foi encontrada para penicilinas, cefalosporinas, aminoglicosídeos e tetraciclinas nas Enterobacteriaceae e *Pseudomonas aeruginosa.* A resistência aos antibióticos pode desenvolver-se nos uropatogénios devido à frequente utilização incorrecta de antibióticos. Os antibióticos são geralmente prescritos empiricamente antes de os resultados laboratoriais da cultura de urina estarem disponíveis (Tambekar e Khadelwal, 2005: Tmbekar e Dhahnorkar, 2005).

A resistência antimicrobiana é reconhecida como um problema global crescente (Tenvor 1996). Em 2001, a Organização Mundial de Saúde (OMS) lançou a primeira estratégia global para contrariar este fenómeno (Simonsen *et al.,* 2004), sendo uma componente fundamental o desenvolvimento de programas de vigilância para monitorizar as tendências da resistência e utilização de medicamentos antimicrobianos (Simonsen et *al.*, 2004; Hsu *et al.,* 2007; Okonko *et al.,* 2009). Os agentes patogénicos multirresistentes deslocam-se não só a nível local mas também a nível mundial e os agentes patogénicos recentemente introduzidos propagam-se rapidamente no hospedeiro suscetível (Gupta *et al.,* 2002). A utilização de antibióticos no tratamento e na prevenção de doenças infecciosas é claramente uma necessidade, mas deve ser dada muita atenção à escolha dos agentes antimicrobianos a utilizar. (Foxman *et al.,* 2000) e Foxman, 2002). Infelizmente, os isolados do trato urinário estão a tornar-se cada vez mais resistentes às fluoroquinolonas habitualmente utilizadas.

Yankhiwale *et al.* (2004) observaram uma resistência máxima à ampicilina (79,6%), ao co-trimoxazol (82%) e ao ácido nalidíxico (73,8%). Também referiram que a nitrofuranção (62%), a cefotaxima (58,7%) e a norfloxacina (45%) constituem a opção razoável para o tratamento das ITU. A ciprofloxacina é a fluoro-quinolona mais frequentemente prescrita para as ITU, uma vez que demonstrou uma excelente atividade contra os agentes patogénicos habitualmente encontrados nas ITU complicadas (Zakaria, 2005). Consequentemente, a utilização extensiva de agentes antimicrobianos resultou invariavelmente no desenvolvimento de resistência aos antibióticos, que, nos últimos anos, se tornou um problema importante a nível mundial (Sirot *el at.,* 1992).

Ehinmidu (2003) referiu que as estirpes *de E. coli, S. aureus* e *P. aeruginisa* eram altamente sensíveis à ciprofloxacina e à gentamicina e que estes isolados eram resistentes à ampicilina. O autor também referiu que o índice MAR das bactérias isoladas era superior a 2,0, o que implica que a estirpe dessas bactérias era originária de um ambiente onde são utilizados vários antibióticos. Adamu *et al.,* (2009), registaram a resistência de algumas estirpes de *S. aureus* às quinolonas, ao ácido nalidíxico e à ciprofloxacina, bem como a resistência de isolados de *P. aeruginosa* à ciprofloxacina, ao ácido nalidíco e à quiniona, sendo alguns deles resistentes a múltiplos antibióticos. Foram encontradas mais resistências no isolado *de P. aeruginosa* do que no isolado de *S. aureus*, especialmente ao ácido nalídico, à ciprofloxacina e à ofloxacina, tendo a esparfloxacina permitido o menor número de isolados resistentes. Um relatório de Oladipo *et al.,* (2009) analisou que os isolados *de E. coli* eram resistentes à amoxicilina, à gentamicina e à tetraciclina, enquanto 95% eram resistentes ao cotrimoxazol. Jombo *et a.,* (2011) referiram que a maior resistência foi observada contra a penicilina G, a cloxacilina, a ampicilina, a tetraciclina, o co-trimoxazol, a eritromicina e o cloranfenicol. E, por outro lado, os que apresentaram maior atividade foram a ofloxacina, a colistina, a ciprofloxacina, o clavulanato + amoxicilina, a ceftazidima, a cefuroxima, a ceftriaxona, a rifampicina e o ácido nalidíxico.

2.10 SINTOMAS

Muitos doentes são assintomáticos. Os sintomas que podem ocorrer incluem disúria, frequência urinária, incontinência de início recente, dor nos flancos e febre. A confusão e o delírio são frequentemente atribuídos à ITU, embora sem febre alta ou sépsis, seja improvável que a ITU não complicada cause uma disfunção grave do sistema nervoso central (Merck Sharp and Dohme Corp., 2010). O diagnóstico bacteriológico das ITU complicadas e recorrentes e da bacteriúria assintomática baseia-se geralmente no conceito de bacteriúria clinicamente importante, que, para estes doentes, é geralmente definida como > 10^5 UFC/mL numa amostra de urina do jato médio após > 4 horas de incubação na bexiga. No entanto, para as mulheres com cistite sintomática sem complicações, a sensibilidade e especificidade de diagnóstico mais elevadas são alcançadas quando a bacteriúria clinicamente importante é definida como > 10^2 CFU/mL com piúria. Se a importância clínica da bacteriúria for duvidosa (por exemplo, quando amostras repetidas produzem mais do que uma estirpe bacteriana) e a obtenção de cultura for extremamente importante, a urina pode ser obtida por punção da bexiga (que é melhor do que a cateterização da bexiga porque o risco de contaminação é minimizado). No entanto, a punção da bexiga pode ser mais difícil de efetuar em doentes idosos e, muitas vezes, as amostras diretas cateterizadas na bexiga têm de ser suficientes (Merck Sharp and Dohme Corp., 2010).

> Ardor ou queimadura ao urinar.

> A urina sai em quantidades muito pequenas.

> Sentir necessidade ou "vontade" de urinar frequentemente.

> Sensação de que a bexiga ainda está cheia depois de urinar.

> Urina malcheirosa, turva, escura ou com sangue.

> Dor na parte inferior do abdómen ou na parte inferior das costas ou nos lados.

> Mal-estar com náuseas e febre (Victoria, 2008).

2.11 diagnóstico laboratorial das infecções do trato urinário

O método comum de diagnóstico da infeção do trato urinário é o exame do jato médio de urina (MSU). O espécime recolhido é muito importante e devem ser dadas instruções claras aos doentes. Os órgãos genitais externos devem ser lavados corretamente com água e sabão. A primeira porção da urina é esvaziada para lavar quaisquer micróbios da parte distal do trato urinário. É a secção média do fluxo urinário que é recolhida para análise laboratorial. A amostra de urina de pacientes cateterizados ou não cateterizados pode ser diagnosticada utilizando qualquer um dos processos (Merck Sharp and Dohme Corp., 2010).

Os testes rápidos podem fornecer uma determinação semi-quantitativa da bacteriúria. O melhor é o teste do nitrito, no qual a conversão de nitrato em nitrito por bactérias na urina é demonstrada por uma mudança de cor numa vareta. Este teste tem um elevado grau de sensibilidade e especificidade, mas não demonstra a bacteriúria causada por *Pseudomonas* sp, estafilococos ou enterococos, que são incapazes de reduzir o nitrato a nitrito (Merck Sharp and Dohme Corp., 2010).

As culturas quantitativas de urina podem ser efectuadas em laboratórios de bacteriologia. A urina deve ser refrigerada se a cultura e a incubação forem demoradas; no entanto, deve evitar-se o armazenamento durante mais de 4 a 8 horas, porque continua a ocorrer uma replicação bacteriana substancial, mesmo a baixas temperaturas. As culturas quantitativas de urina também identificam as espécies envolvidas e determinam a suscetibilidade aos antibióticos. Em ambulatórios, pode ser utilizada uma cultura em lâmina de imersão (em que uma lâmina coberta de ágar é mergulhada na urina e incubada ou deixada à temperatura ambiente durante a noite). O número de bactérias na amostra é quantificado de forma fiável e os organismos gram-negativos e gram-positivos são diferenciados. Um dip-slide positivo pode ser posteriormente enviado para um laboratório de bacteriologia para identificação das espécies e determinação da suscetibilidade aos antibióticos. A piúria (presença de > 10 PMNs/campo de alta potência sob microscopia ótica na urina) sugere infeção e não colonização (Merck Sharp and Dohme Corp., 2010).

ITUs recorrentes: Para além do diagnóstico bacteriológico, são frequentemente necessários mais testes, incluindo a quantificação do volume de urina residual vesical pós-micção e a investigação da arquitetura do trato urinário superior através de ecografia ou TAC em casos selecionados. A consulta urológica pode ser solicitada quando se suspeita de uropatia obstrutiva, cálculos, abcessos ou anomalias anatómicas do trato urinário. A prostatite bacteriana crónica também pode resultar em recidivas de ITU em homens idosos. O diagnóstico é sugerido quando as contagens de colónias bacterianas na urina ou na secreção prostática expressa são pelo menos 10 vezes superiores às contagens da amostra de urina uretral. Para além disso, a presença de neutrófilos nas secreções prostáticas consubstancia o diagnóstico. Em caso de ITU recidivante, a avaliação deve incluir a análise da anatomia e da função da bexiga (ou seja, resíduo pós-miccional e cistograma miccional ou cistoscopia) (Merck Sharp and Dohme Corp, 2010).

2.12 Prevenção de ITUs

De acordo com uma publicação num sítio Web (http://womenshealth.about.com/od/urinarytractinfections/a/preventuti.htm 2/10/2011), as ITU podem ser prevenidas através da prática de qualquer um destes estilos de vida. Beber muita água diariamente. A água ajuda a lavar o trato urinário, reduzindo assim a acumulação de bactérias no trato urinário. Evite reter a urina quando precisa de urinar. As mulheres são frequentemente culpadas de tentar terminar uma tarefa antes de irem à casa de banho. Se não o fizer quando precisa de ir à casa de banho, as bactérias que possam estar presentes podem transformar-se numa infeção completa do trato urinário.

Prevenir a limpeza da frente para trás depois de um movimento do intestino. Isto é especialmente importante para ajudar a evitar que as bactérias do ânus entrem na vagina ou na uretra. Tomar duches em vez de banhos ajuda a evitar que as bactérias entrem na uretra e causem uma ITU. Lavar a zona genital antes e depois das relações sexuais para ajudar a evitar a transferência de bactérias para a uretra ou para a zona vaginal, o que pode criar um terreno fértil para uma ITU?

Beber sumo de arando é uma forma bastante conhecida e natural de ajudar a prevenir infecções do trato urinário, bem como de ajudar a acelerar o processo de recuperação quando se desenvolve uma ITU. Beber apenas dois copos de 4 onças de sumo de arando diariamente é muitas vezes suficiente para prevenir uma ITU e acelerar a recuperação quando uma infeção se desenvolve. Tomar regularmente suplementos de vitamina C. A vitamina C aumenta o nível de acidez da urina, o que, por sua vez, ajuda a diminuir o número de bactérias nocivas que podem estar presentes no seu sistema do trato urinário. Usar cuequinhas com entrepernas de algodão. O tecido de algodão deixa escapar a humidade, enquanto outros tecidos podem reter a humidade, criando um potencial terreno fértil para as bactérias.

2.13 TRATAMENTO

Bacteriúria assintomática: Nas mulheres, a bacteriúria assintomática não deve ser tratada, a menos que condições coexistentes aumentem o risco de doença invasiva sintomática. Na bacteriúria assintomática não tratada, os organismos (especialmente *a E. coli)* perdem a sua virulência e tornam-se extremamente susceptíveis ao efeito bactericida do plasma humano normal. Por conseguinte, a presença de grandes quantidades de bactérias na urina pode proteger contra a bacteriúria sintomática causada por estirpes mais virulentas (Merck & Dohme, 2009). Nos homens, a bacteriúria assintomática deve ser investigada para excluir factores complicadores, como urina residual, cálculos ou tumores. Enquanto o diagnóstico está a ser determinado e os factores causais são eliminados, normalmente deve ser administrado tratamento.

Cistite: A maioria das mulheres idosas com ITU do trato inferior não complicada deve ser tratada com antibióticos durante 10 dias; os homens idosos são geralmente tratados durante 14 dias. Não são recomendados cursos abreviados (< 7 dias) de tratamento para as ITU em doentes idosos devido às taxas relativamente elevadas de insucesso e recaída. Os doentes com infecções adquiridas na comunidade podem ser tratados com trimetoprim-sulfametoxazol (TMP-SMX) ou uma cefalosporina oral (por exemplo, cefalexina, cefuroxima). Quando os organismos são resistentes ou quando o risco de pielonefrite é elevado, pode ser utilizada uma fluoroquinolona (por exemplo, norfloxacina, levofloxacina, ciprofloxacina). A ampicilina e a amoxicilina não são geralmente preferidas porque pelo menos 13% das estirpes de *E. coli* são resistentes a elas. Para os doentes idosos com infecções recorrentes, complicadas ou nosocomiais, recomenda-se uma fluoroquinolona ou TMP-SMX, com ampicilina, antes das cefalosporinas; a ampicilina acrescenta cobertura contra isolados enterocócicos sensíveis (Merck & Dohme, 2009).

Para os doentes com cistite recorrente ou para os quais está planeada a instrumentação do trato urinário inferior, pode ser considerado um tratamento profilático com nitrofurantoína numa dose de 50 a 100 mg à noite (devem ser administradas doses mais baixas a doentes com uma função renal acentuadamente reduzida) ou TMP-SMX 80 a 400 mg (meio comprimido ou um comprimido completo à noite ou um comprimido 3 vezes/semana). A terapêutica profiláctica deve ser evitada em doentes com cateteres vesicais de demora (Merck & Dohme, 2009).

Pielonefrite: Os homens e as mulheres com infeção do trato urinário superior (por exemplo, presença de urosepsis, sensibilidade nos flancos, febre > 38,3° C [> 101° F]) devem ser tratados durante um mínimo de 14 dias. Os antibióticos para o tratamento oral inicial incluem fluoroquinolonas (por exemplo, norfloxacina, ciprofloxacina, levofloxacina), cefalosporinas orais (por exemplo, cefuroxima) e TMP-SMX. Para os doentes com infecções adquiridas na comunidade que não tenham recebido tratamento antibiótico anterior, uma cefalosporina de 2ª geração (por exemplo, cefuroxima) cobre a maioria dos agentes patogénicos; para os doentes com infecções nosocomiais, é preferível uma cefalosporina de 3ª geração (por exemplo, cefotaxima, ceftazidima, ceftriaxona), aztreonam ou um aminoglicosídeo. Uma alternativa é o tratamento com TMP-SMX IV ou uma quinolona (Merck & Dohme, 2009).

Urosepsis: A urosepsis em pessoas idosas pode dar origem a elevadas taxas de morbilidade e mortalidade. Os antibióticos de primeira linha para a urosepsis incluem cefalosporinas de 2ª e 3ª geração, quinolonas, aztreonam e aminoglicosídeos com ampicilina durante cerca de 2 semanas. Embora deva ser utilizada a dose inicial mais elevada recomendada, as doses subsequentes têm normalmente de ser reduzidas substancialmente devido à diminuição da função renal nos idosos. É fundamental manter o equilíbrio de fluidos e electrólitos, bem como uma pressão arterial adequada (Merck & Dohme, 2009).

ITU recidivante: O tratamento depende da etiologia subjacente. A prostatite bacteriana crónica deve ser tratada durante um mínimo de 4 semanas com medicamentos como as quinolonas orais ou o TMP-SMX (Merck & Dohme, 2009).

ITU por reinjecção: O tratamento da ITU por reinjecção sem complicações inclui a hidratação e a acidificação da urina e uma terapia antibiótica supressiva de baixa dose (Merck & Dohme, 2009).

CAPÍTULO 3

3.0MATERIAIS E MÉTODOS

3.1 APARELHOS E SUPORTES UTILIZADOS

Os aparelhos utilizados incluem: Autoclave, estufa de ar quente, balança química, frasco cónico, proveta, placa de petri, tubos de ensaio, frascos bijan, laços de arame, espátula, bico de Bunsen, lâminas, frasco universal esterilizado, incubadora.

Meios utilizados

CLED (cysteine lactose Electrolyte Deficient Agar), Mueller-Hinton agar, Mueller-Hinton broth, Nutrient ager, Nutrient broth. A composição de cada meio é apresentada nos apêndices.

Bioquímicos e reagentes

Ágar citrato, ágar urease, violeta de cristal, plasma sanguíneo, iodo em gramas, safranina, ácido clorídrico, acetona, peróxido de hidrogénio, indicador vermelho de fenol, sal de manitol, glucose, frutose, sacarose, lactose, amido, reagente de Kovac, caldo de triptona.

3.2 ESTERILIZAÇÃO E TÉCNICAS ASSÉPTICAS.

Todos os objectos de vidro, tais como pipetas, béqueres, frascos cónicos e provetas, foram lavados com detergente e enxaguados com água destilada. Para evitar fissuras, os objectos de vidro foram secos ao ar antes da esterilização por calor seco na estufa a uma temperatura de 160°C durante 2 horas. A pipeta foi envolvida com folha de alumínio após a secagem ao ar antes da esterilização para evitar a contaminação externa. Todos os aparelhos esterilizados foram arrolhados para evitar a contaminação.

3.3 **RECOLHA DE AMOSTRAS**: As amostras utilizadas foram recolhidas de 130 doentes, incluindo doentes com e sem cateter. As amostras sem cateter eram urina de jato ligeiro de manhã cedo, enquanto as amostras com cateter eram da bexiga, cortando o cateter junto ao orifício e esperando até o doente ter vontade de urinar. Utilizou-se etamol a 75% para esterilizar um desporto por cima do orifício cortado e utilizou-se uma agulha estéril para extrair cerca de 10 ml de urina, que foi colocada num frasco universal estéril. As amostras foram então transferidas para o laboratório médico para análise.

3.4 PREPARAÇÃO DE MEIOS DE CULTURA

Os meios utilizados neste estudo incluem CLED (cysteine lactose Electrolyte Deficient Agar), Mueller-Hinton agar sensitivity, Mueller-Hinton broth, Nutrient ager, Nutrient broth, os meios de cultura seguintes serão preparados segundo o método (Oyeleke e Manga, 2008) (Anexo 1). Foi utilizada água destilada para a preparação, foi pesada uma quantidade adequada de meio de ágar, dissolvida em água destilada e esterilizada por autoclavagem a 121°C durante 15 minutos. Deixou-se arrefecer o meio de ágar até 45 °C antes de o verter, para evitar a formação de vapor na tampa das placas de Petri.

3.5 Contagem bacteriana

Utilizou-se uma ansa de arame calibrada com capacidade para 0,01 ml de líquido para colher uma amostra de urina bem misturada e não centrifugada, que foi semeada na superfície do ágar nutriente e do meio deficiente em electrólitos de cisteína e lactose (CLED). (produto oxoide). As placas foram incubadas aerobicamente a 370C durante 24 horas e as contagens foram expressas em unidades formadoras de colónias (ufc) por mililitro (mL). Uma contagem de > 10^5 ufc/ml foi considerada significativa para indicar ITU

3.6 Isolamento de bactérias

As amostras de urina foram cultivadas em CELD. Utilizou-se uma ansa de arame calibrada para colher uma amostra de urina não centrifugada e fez-se um inóculo primário na placa CLED e depois espalhou-se o inóculo. As placas inoculadas foram incubadas aerobicamente durante 24 horas a 37°c. Após 24 horas de incubação, foram observadas colónias visíveis e, em seguida, subcultivadas em meios frescos pelo método de sementeira para obter isolados puros. Todos os meios de cultura foram incubados como descrito acima, após o que os isolados puros foram caracterizados morfologicamente e subcultivados em ágar nutriente para identificação e caraterização (Cheesbrough 2006).

3.7 IDENTIFICAÇÃO E CARACTERIZAÇÃO DOS ISOLADOS

Os isolados de bactérias foram identificados e caracterizados com base na sua morfologia colonial, aspeto microscópico, reacções de gramas e reacções bioquímicas, incluindo o perfil de utilização de hidratos de carbono. Os isolados foram identificados através da comparação das caraterísticas com as de taxa conhecidos, tal como descrito por (Cheesbrough 2006). Os testes são descritos abaixo (apêndice iv-v).

3.8 TESTES BIOQUÍMICOS

Coloração de Gram

Este processo foi efectuado começando por fazer um esfregaço do organismo numa lâmina de vidro limpa. A lâmina foi então etiquetada adequadamente com um marcador. Em seguida, transferiu-se uma ansa de água para a lâmina utilizando uma ansa de arame incandescente para assegurar que não restava acidentalmente qualquer cultura de uma operação anterior. A ansa de arame foi novamente inflamada e deixada arrefecer, sendo depois utilizada para transferir assepticamente uma parte muito pequena de uma única colónia da lâmina de ágar para a lâmina. O esfregaço foi então fixado por flambagem e depois seco ao ar. O esfregaço já fixado foi levado para o suporte de coloração sobre um lavatório para coloração. Verter a solução de violeta cristal sobre a lâmina e deixar repousar durante 1 minuto. O cristal violeta é então lavado em água corrente e, em seguida, é vertida uma solução mordente de iodo sobre a lâmina e deixada em repouso durante 1 minuto. A solução de iodo actua como um "mordente" (um componente de um procedimento de coloração que ajuda o corante a aderir à amostra), forma-se um complexo violeta cristal-iodo e o esfregaço fica preto. A solução de iodo foi lavada com etanol a 95% (v/v) (não com água); continuar a tratar com álcool até as lavagens ficarem violeta pálido e depois enxaguar imediatamente com água da torneira. O esfregaço foi coberto com uma solução de safranina, que é uma contra-coloração, durante 30 segundos e lavado com água da torneira. A lâmina foi então seca e examinada ao microscópio com uma ampliação de imersão em óleo para verificar se o organismo é gram positivo ou gram negativo (Murray *et al.,* 2003; Cheesbrough 2006).

Ensaio do indole

O teste do indol demonstra a capacidade de certas bactérias para decompor o aminoácido triptofano em indol, que se acumula no medicamento para dar uma coloração vermelha com P-dimetiamino benzaldeído. O organismo de teste foi inoculado em caldo de triptona e incubado a 37°C durante 48 horas para obter uma acumulação óptima de indóis. O resultado positivo mostra uma coloração avermelhada na camada superior dos tubos de ensaio quando 0,5 ml do reagente de Kovac foi adicionado a 5 ml da cultura em caldo de triptona (Cheesbrough 2006).

Teste da catalase

Isto envolve a utilização de peróxido de hidrogénio (H_2O_2) para detetar a presença da enzima catalase, que converte o peróxido de hidrogénio em água e oxigénio. Todos os organismos que utilizam o sistema de respiração do citocromo darão uma reação positiva à catalase quando testados. Os organismos que utilizam um sistema diferente não produzem catalase e apresentam uma reação negativa:

$$H_2O_2 + \text{catalase} \longrightarrow H_2O + 1/2O_2$$

Foi feito um esfregaço do organismo a ser testado numa lâmina limpa e foi adicionado peróxido de hidrogénio a 3% sob a forma de gotas na lâmina. Observou-se a reação borbulhante ou espumosa (espuma) da mistura na lâmina (Cheesbrough 2006).

Teste da coagulase

Este teste foi efectuado para diferenciar os estafilococos coagulase positivos dos estafilococos coagulase negativos. Foi efectuada por dois métodos. Teste de aglutinação em lâminas: São feitas suspensões densas de *estafilococos* de cultura em duas extremidades de uma lâmina de vidro limpa. Uma foi rotulada como "teste" e a outra como "controlo". A suspensão de controlo serve para excluir falsos positivos devido à autoaglutinação. A suspensão de teste foi tratada com uma gota de plasma citratado e bem misturada. Foi observada a aglutinação ou aglomeração de cocos num período de 5-10 segundos para determinar a positividade.

Teste da coagulase em tubo: Este teste é também conhecido como teste da coagulase livre. Foram utilizados dois tubos de ensaio e identificados como "teste" e "controlo negativo". Cada tubo foi enchido com 0,5 ml de plasma. Ao tubo designado por "teste", adicionou-se 0,1 ml de caldo de cultura de uma noite da bactéria de teste, e ao tubo designado por "controlo negativo", adicionou-se 0,1 ml de caldo estéril. Todos os tubos foram incubados a 37 °C e observados durante quatro horas. O resultado positivo é indicado pela gelificação do plasma. Se o teste permanecer negativo até quatro horas a 37oC, o tubo é mantido à temperatura ambiente para incubação durante a noite (Cheesbrough 2006).

Utilização de citrato

O teste determina a capacidade do organismo testado para ultilizar como única fonte de carbono num meio de síntese que contenha citrato.

Esta capacidade não existe na maioria das estirpes de *Escherichia coli, espécies de Salmonella* e *espécies de*

Shigella, em resultado da ausência de citrato permcease. O ágar citrato de Simmon foi inculcado com o organismo testado e incubado a °C durante 24 horas. Após o período de incubação, uma cor azul real é indicativa de um resultado positivo, enquanto um resultado negativo permanece verde (Cheesebrough , 2000).

TESTE DE UREASE

Este teste ajuda a detetar *enterobactérias* que possuem a enzima urease. A urease é capaz de decompor a urease por hidrólise para dar amoníaco e dióxido de carbono. Esta reação torna o meio alcalino, o que é demonstrado por uma alteração da cor do indicador para vermelho-rosa.

NH_2

CO $+ H_2O$-------------$2\ NH_3 + CO_2$

NH_3

O meio é preparado numa lâmina e é inoculado por punhalada e incubado a 37°c durante a noite. A cor vermelho-rosa indica que a urease é positiva.

Teste de Fermentação de Hidratos de Carbono.

Este teste foi efectuado para mostrar a capacidade do organismo para utilizar diferentes hidratos de carbono. Um grama de hidratos de carbono (Lactose, Sacarose e Glicose) foi dissolvido em 100m) de caldo nutriente contendo 0,05g de indicadores de vermelho de fenol, o meio foi em seguida distribuído em tubos de ensaio e depois esterilizado por autoclavagem durante 25 minutos a 12°C. Após a esterilização, o meio foi inoculado com o isolado testado e incubado durante 24-36 horas a 37 °C. Um aspeto amarelo e turvo com produção de gás é indicativo de um resultado positivo (Cheesbrough 2006).

3.1 PADRONIZAÇÃO DE ISOLADOS:

Inocularam-se cinco mililitros (5 ml) de caldo estéril com organismos (uma ansa) e incubou-se durante 24 horas. 0,2 ml da cultura de 24 horas foi inoculado em 20 ml de caldo Mueller-Hinton fresco e incubado durante 3-5 horas para obter aproximadamente 10^6 ufc/ml dos organismos. Utilizou-se uma alça da cultura padronizada para o ensaio antimicrobiano (Babayi *et al.,* 2004).

3.2TESTE DE SENSIBILIDADE AOS ANTIBIÓTICOS

As placas de ágar Muller Hinton preparadas foram inoculadas a 37°c durante 24 horas para verificar a presença de contaminantes. As placas foram então inundadas com 1 ml de suspensão do organismo em solução salina, tendo o excesso de inóculo sido drenado. Deixou-se a placa repousar durante 20 minutos para que o organismo fosse totalmente absorvido pelo ágar (método de difusão em disco). Disco de antibiótico comercialmente preparado impregnado com ampicilina (25 mcg), gentamicina (GEN) - 10 mcg, ácido nalidixina, augumentina (30 mcg), nitrofurantoína (NIT) - 200 mcg e tetraciclina (TET) - 50 mcg, Ampicilina (AMP) - 25 mcg, Cloranfenicol (25), Eritromicina (10), Cotrimoxazol (COT)- 50 mcg, Ofloxacina (OFX) - 10 mcg foram colocados na superfície da placa de ágar já inoculada assepticamente utilizando uma pinça estéril. As placas foram então inoculadas a 37°C durante 24 horas (Kibry *et al.*, 1966). A zona de inibição foi medida (Tabela 6 e 7) e comparada com o padrão estabelecido pelo SOP ASIARESIT- ABR (Geert, 2002).

CAPÍTULO 4

4.0 Resultado da infeção do trato urinário no doente

Durante o período de estudo, um total de 130 amostras de urina foram investigadas por microscopia, cultura e (se a cultura fosse positiva) foi efectuado um teste de suscetibilidade. As 130 amostras recolhidas consistem em 73 do sexo feminino (56,15%), 57 (39,32%) do sexo masculino (tabela 4.2) e um total de 20 (15,39%) eram cateteres. Na cateterização, o sexo masculino tem a maior ocorrência com o valor de 15 (75,00%) enquanto o sexo feminino foi de 5(25,00%). Das 130 amostras colhidas, 54 (41,52%) amostras apresentavam bacteriúria não significativa ou uma contagem bacteriana muito baixa, inferior a 10^4 UFC/ml, enquanto 76 (58,46%) apresentavam um crescimento significativo de uma ou mais bactérias. Foi recuperado um total de 82 isolados, dos quais 55 (67,07%) eram gram-negativos e 27 (32,93%) eram gram-positivos. Os isolados recuperados de doentes com cateteres e de doentes sem cateteres são 24 (29,26%) e 58 (70,73%), respetivamente.

Os doentes recolhidos são 15 (75,00%) do sexo masculino e 5 (25,00%) do sexo feminino, estando a sua distribuição por idade e sexo representada na tabela 4.2. A Tabela 4.3 mostra a prevalência geral de ITUs entre os pacientes da instituição. Isto indica que o maior número de isolados bacterianos foi obtido em doentes com idades compreendidas entre os 21 e os 30 anos e entre os 31 e os 40 anos, ao passo que o menor número de isolados bacterianos foi obtido nas faixas etárias de 1 a 10 anos e de 81 a 90 anos.

Os microrganismos isolados da cultura de urina incluem bactérias gram-positivas e gram-negativas. Os gram negativos são *Escherichia coli* 26 (31,7%), o agente patogénico mais comum isolado, seguido de *Staphylococcus* coagulase positivo 18 (21,9%), *Klebsiella spp* 10 (12,2%), Staphylococci coagulase negativo 9 (10,9%) (Tabela 4.4).

Tabela 4.1 Distribuição geral da idade dos pacientes em estudo

Grupo de idade	**Masculino**	**Feminino**	**Total**
1-10	2	2	4
11-20	7	8	15

21-30	14	34	48
31-40	8	18	26
41-50	4	3	7
51-60	3	5	8
61-70	6	2	8
71-80	9	1	10
81-90	4	0	4
Total	57	73	130

Tabela 4.2 Distribuição etária dos pacientes cateterizados

Grupo etário	Pacientes cateterizados (homens)	Pacientes cateterizados (mulheres)
< 10	0 (0%)	0 (0%)
11-20	0 (0%)	0 (0%)
21-30	4 (33.33%)	2 (5.88%)
31-40	1 (12.5%)	2 (25%)
41-50	0 (0%)	1 (33.33%)
51-60	1 (100%)	0 (0%)
61-70	4 (66.66%)	0 (0%)
71-80	3 (33.33%)	0 (0%)
81-90	2 (50%)	0 (0%)
Total	15 (75%)	5 (25%)

Tabela 4.3 Prevalência de ITUs em relação à idade e ao sexo dos pacientes

Grupo etário	Homens (%)	Mulheres (%)	Total (%)
< 10	1 (50%)	2 (100%)	3 (75%)
11-20	1 (20%)	5 (62.5%)	6 (46.2%)
21-30	6 (50%)	16 (47.1%)	22 (47.8%)
31-40	3 (37.5%)	16 (88.9%)	9 (34.6%)
41-50	1 (100%)	3 (100%)	4 (100%)
51-60	1 (100%)	5 (100%)	6 (100%)
61-70	4 (66.7%)	2 (100%)	6 (75%)
71-80	7 (77.8%)	1 (100%)	8 (80%)
81-90	2 (50%)	0	2 (50%)
Total	26 (45.6%)	50 (68.5%)	76 (58.5%)

Tabela 4 .4 Percentagem de bactérias isoladas

MICROBES	ISOLADO (%)
Escherichia coli	26 (31.7%)
Enterobacter spp	5 (6.1%)
Yersinia enterolotica	1 (1.2%)
Pseudomonas sp	4 (4.9%)
Salmonella typhi	2 (2.4%)
Proteus mirabilis	4 (4.9%)
Providecis sp	1 (1.2%)
Morganella morganii	2 (2.4%)

Klebsiella spp	10 (12.2%)
Staphylococcus coagulase positiva	18 (21.9%)
Staphylococci coagulase negativa	9(10.9%)
Total	82 (99.9%)

4.1 PREVALÊNCIA DE ISOLADOS BACTERIANOS

4.1.1 PACIENTES CATETERIZADOS

No doente cateterizado, há uma infeção significativamente elevada por *E. coli* em comparação com as outras bactérias isoladas (p=0,00±0,28427), mas não há diferença significativa na infeção por *Enterobacter spp, Yersinia enterolotica, Pseudomonas sp, Salmonella typhi, Proteus mirabilis, Providecis sp, Morganella morganii, Staphylococci* coagulase negativa. (0,56±0,28427, 0,440±0,28427, 1,0±0,28427, 0,56±0,28427, 1,0±0,28427, 1,0±0,28427 e 0,56±0,28427, respetivamente, com p<0,05). A infeção por *Yersinia enterolotica* não é significativa para a infeção causada por *estafilococos* coagulase negativos (1,0±0,28427).

Também a infeção por *Pseudomonas sp* não é significativa quando comparada com *Enterobacter spp, Salmonella typhi, Proteus mirabilis, Providecis sp* e *Klebsiella sp,* (0,44±0,28427, 0,44±0,28427, 0,979±0,28427, 0.44±0,28427, 0,44±0,28427,e 0,56±0,28427), mas significativo em comparação com *E. coli, Yersinia enterolotica, Staphylococcus* coagulase positiva *e Staphylococci* coagulase negativa (P=0,00±0,28427) (Apêndice II).

A infeção *por Staphylococcus* coagulase positiva é significativa em relação a outros isolados bacterianos (com P=0,000±0,28427) e a infeção por *Klebsiella sp* é significativa em comparação com outros isolados bacterianos, exceto *Pseudomonas sp* e *Proteus mirabilis* (0,56±0,28427 e 0,44±0,28427, respetivamente) (Apêndice II).

4.1.2 INFECÇÃO EM DOENTES NÃO CATETERIZADOS

A infeção por *E.coli* é significativa em comparação com todos os outros isolados (ao nível de P=0,00±0,40202), tal como *Enterobacter spp.* (Apêndice II). A infeção por *Yersinia enterolotica* tem um efeito significativo em comparação com *E. coli, Enterobacter spp, Klebsiella sp, Staphylococcus* coagulase positiva *e Staphylococci* coagulase negativa (P=0,00±0,40202). Existe também uma diferença significativa na infeção por *Klebsiella sp* em comparação com todos os outros isolados de bactérias. Assim, também a infeção por *Staphylococcus* coagulase positiva *e Staphylococci* coagulase negativa é significativa em comparação com os outros isolados (P=0,00±0,40202). (Anexo II)

4.2 SUSCEPTIBILIDADE ENTRE GRAM NEGATIVOS

Neste trabalho de alcance existe uma grande resistência aos antibióticos entre os uropatógenos isolados dos pacientes, exceto na nitrofuranção. A maior resistência foi observada na Amoxicilina, Cloxacilina, Tetacycline e Co-trimoxazole. As tabelas 4.5 e 4.6 mostram a média e o erro padrão da média dos isolados de bactérias gram-negativas e gram-positivas.

4.2.1 TESTE DE AUGUMENTAÇÃO,

No teste de sensibilidade utilizando augumentina, 8,33%, 25% e 50% de *Escherichia coli, Proteus mirabilis* e *Morganella morganii* são altamente susceptíveis. 4,17% de *Escherichia coli* são moderadamente susceptíveis. Não existe uma diferença significativa no padrão de suscetibilidade de *Enterobacter spp, Yersinia enterolotica, Pseudomonas sp, Klebsiella spp, Salmonella typhi, Providecis sp.* (1,000±0,6285), mas difere significativamente de *Proteus mirabilis, Escherichia coli, Morganella morganii* (0,000±0,6285).

4.2.2 TESTE DE OFLOXACINA

No teste da ofloxacina, 25,0%, 40%, 50%, 50%, 100%, 50%, 25% de *Escherichia coli, Enterobacter spp, Pseudomonas sp, Proteus mirabilis, Providecis sp Morganella morganii,* e *Klebsiella spp,* são altamente susceptíveis, enquanto 4,17% de *Escherichia coli* são moderadamente susceptíveis. Não existe uma diferença significativa no padrão de suscetibilidade de *Yersinia enterolotica* e *Salmonella typhi* (1,000±0,31466), mas existe uma diferença significativa em comparação com a inibição de *Escherichia coli, Klebsiella spp, Enterobacter spp* (0,000±0,31466) e de *Morganella morganii, Yersinia enterolotica e Proteus mirabilis* (0,00±0,31466). Não existe uma diferença significativa entre *Morganella morganii Pseudomonas sp, Proteus mirabilis* (0,33±0,31466).

4.2.3 GENTAMICINA EM TESTE

O teste da gentamicina mostra que 25,0%, 50%, 100%50%, 50% de *Escherichia coli, Proteus mirabilis, Providecis sp. Morganella morganii* e *Klebsiella spp* são altamente susceptíveis, enquanto 4,17% de

Escherichia coli são moderadamente susceptíveis. A partir do teste de Duncan a $P<0,05$, não há diferença significativa na suscetibilidade de *Enterobacter sp, Yersinia enterolotica, Salmonella typhi, Salmonella typhi,* (1,000±0,11111), mas há diferenças significativas em comparação com outras. *A Escherichia coli* apresenta uma suscetibilidade significativa em comparação com as bactérias isoladas (1,000±11111). Também no tratamento com gentamicina, *a Provecia sp* apresenta uma suscetibilidade significativa em comparação com outros isolados (0,0100±11111). *Morganella morganii, Klebsiella spp* e *Proteus mirabilis* não apresentam suscetibilidade significativa (0,172±11111).

4.2.4 TESTE DO ÁCIDO NALÍDICO

O teste do ácido nalídico mostra que 8,33%, 20%, 25%, 100%, 50% e 25% de *Escherichia coli Enterobacter spp, Proteus mirabilis, Providecis sp., Klebsiella spp,* são altamente susceptíveis, enquanto 4,17% de *Escherichia coli* são moderadamente. Utilizando o teste de Duncan, *Yersinia enterolotica, Yersinia enterolotica* e *Salmonella typhi* não apresentam diferenças significativas na sua suscetibilidade (1,000±0,19181). *Enterobacter sp, Providecis sp, Escherichia coli, Morganella morganii,* são significativamente susceptíveis, mas não há diferença significativa em *Klebsiella spp* e *Proteus mirabilis* (0,496±0,19181).

4.2.5 ENSAIOS DE NITROFURANÇÃO

O teste de nitrofurano mostra que 54,17%, 100%, 50%, 100%, 75%, 100%, 100% e 62,5% de *Escherichia coli, Yersinia enterolotica, Pseudomonas sp, Salmonella typhi, Proteus mirabilis, Yersinia enterolotica, Morganella morganii* e *Klebsiella spp* são altamente susceptíveis, enquanto 8,33% e 54,17% de *Escherichia coli* e *Enterobacter spp* são moderados. *Enterobacter sp* mostra uma sensibilidade elevada em comparação com *Escherichia coli, Yersinia enterolotica, Pseudomonas sp, Salmonella typhi, Proteus mirabilis, Providecis sp, Morganella morganii, Klebsiella spp,* a (0.26±14,14316, 0,000±14,14316, 0,046±14,14316, 0,000±14,14316, 0,001±14,14316, 0,003±14,14316, 0,000±14,14316 e 0,008±14,14316, respetivamente). Não há significância entre *Pseudomonas sp, Escherichia coli, Klebsiella spp, Providecis sp* e *Proteus mirabilis* (0,125±14,14316), mas comparando a suscetibilidade de *Proteus mirabilis* com *Yersinia enterolotica, Salmonella typhi, Morganella morganii,* não há diferença significativa (0,71±14,14316).

4.2.5 TESTE DO CO-TRIMOXAZOL

Teste de co-trimoxazol Aqui, 8,33% e 25% de *Escherichia coli* e , *Klebsiella spp*, respetivamente, apresentam uma suscetibilidade elevada *Escherichia coli* é significativamente sensível em comparação com todos os outros isolados (0,000±0,45134). Não há diferença significativa na sensibilidade de *Yersinia enterolotica,* , *Enterobacter spp, Salmonella typhi, Proteus mirabilis, Morganella morganii, Providecis sp* (0,66±0,45134). *A Klebsiella spp* e *a Escherichia coli* também apresentam uma suscetibilidade significativa em comparação com outros isolados (1,000±0,45134).

4.2.6 TESTE DA TETRACICLINA E DA AMOXICILINA

Todos os isolados gram-negativos são resistentes à tetraciclina e à amoxicilina, exceto *Escherichia coli, Salmonella typhi* e *Morganella morganii,* que apresentam 4,17%, 100% e 50% de suscetibilidade dos seus isolados, respetivamente.

4.3 SUSCEPTIBILIDADE ENTRE GRAM POSITIVOS

A suscetibilidade dos antibióticos utilizados variava entre elevada, moderada e resistente. O cloranfenical tem a inibição mais elevada. 56,25% e 66,66% do *Staphylococcus aureus* e do *Staphylococcus* não coagulase positivo, respetivamente, são susceptíveis ao cloranfenicol, respetivamente. 43,75%, 6,25%, 12,75%, 6,25% e 25% dos *Staphylococcus aureus* são susceptíveis à tetraciclina, cloxacilina, eritromicina, amoxicilina e gentamicina, respetivamente. 6,25%, 12,75%, 12,75e 18,75% são moderadamente susceptíveis à eritromicina, tetraciclina, cloxacilina e cloranfenical, respetivamente. Não foi observado qualquer efeito no Augumentine e no Cot-rimoxazole.

Na coagulase negativa, 22,22%, 11,11% e 44,44% são susceptíveis à eritromicina, à tetraciclina e à cloxacilina, respetivamente. 11,11% 22,22% e 11,11% são moderadamente susceptíveis à eritromicina, à tetraciclina e aos cloranfenicais, respetivamente (Anexo III)

Tabela 4.5: Média e erro padrão do perfil de suscetibilidade a antibióticos dos isolados de bactérias gram-negativas

MICROBES		AUG	OFLL	GEN	NAL	NIT	COT	AMX	**TET**
E. coli	Média	8.3000	24.6667	25.1667	8.3000	54.2000	8.7667	.0000	**4.5000**

	Erro Std. da Média ±	.00000	.33333	.16667	.00000	.00000	.23333	.00000	**.00000**
Enterobacter sp.	Média	.0000	40.0333	.0000	20.2333	.0000	.0000	.0000	**.0000**
	Erro Std. da Média ±	.00000	.03333	.00000	.12019	.00000	.00000	.00000	**.00000**
Yersinia enterololitica	Média	.0000	.0000	.0000	.0000	1.0000E2	.6667	.0000	**.0000**
	Erro Std. da Média ±	.00000	.00000	.00000	.00000	.00000	.66667	.00000	**.00000**
Pseudomonas auriginosa	Média	.0000	50.3333	.0000	.0000	50.1333	.0000	.0000	**.0000**
	Erro Std. da Média ±	.00000	.33333	.00000	.00000	.13333	.00000	.00000	**.00000**
Samollena typhi	Média	.0000	.0000	.0000	.0000	1.0000E2	.0000	.0000	**1.0000E2**
	Erro Std. da Média ±	.00000	.00000	.00000	.00000	.00000	.00000	.00000	**.00000**
Proteus mirabilis	Média	25.1333	50.3333	50.1667	25.2000	75.3333	1.0000	.0000	**.0000**
	Erro Std. da Média ±	.13333	.33333	.16667	.20000	.33333	.57735	.00000	**.00000**
Providecia sp	Média	.0000	1.0000E2	1.0000E2	1.0000E2	70.0000	.0000	.0000	**.0000**
	Erro Std. da Média ±	.00000	.00000	.00000	.00000	3.00000E1	.00000	.00000	**.00000**
Morganella morganii	Média	50.0000	50.0000	50.0000	50.0000	1.0000E2	.0000	.0000	**50.0000**
	Erro Std. da Média ±	.00000	.00000	.00000	.00000	.00000	.00000	.00000	**.00000**
Klebsiella pneumonia	Média	.0000	25.3333	50.0000	25.3333	62.5333	25.4667	.0000	**.0000**
	Erro Std. da Média ±	.00000	.33333	.00000	.33333	.03333	.29059	.00000	**.00000**
Total	Média	9.2704	37.8556	30.5926	25.4519	68.0222	3.9889	.0000	**17.1667**
	Erro Std. da Média ±	3.22063	5.67017	6.44736	6.00045	6.56772	1.58179	.00000	**6.49392**

Legenda: Aug-Augumentina, AMX-Amoxicilina, TET-Tetraciclina, COT-Cotrimoxazol, OFL-Floxacina, GEN-Gentamicina, NAL-Ácido nalidixina, NIT-Nitrofuranção.

Tabela 4.6: Média e erro padrão do perfil de suscetibilidade a antibióticos dos isolados de bactérias gram-negativas positivas

MICROBES		AUG	AMX	ERY	TET	CXC	GEN	COT	CHL
Staphtlococcuc aureus	Média	.0000	6.2667	12.8333	40.8000	6.2667	25.0333	.0000	**56.2667**
	Erro Std. da média	.00000	.03333	.03333	3.00000	.03333	.03333	.00000	**.03333**
Staphylococcus não coagulase	Média	.0000	.0000	22.2333	11.1133	.0000	44.4367	.0000	**66.6633**
	Erro Std. da média	.00000	.00000	.03333	.00333	.00000	.00333	.00000	**.00333**
Total	Média	.0000	3.1333	17.5333	25.9567	3.1333	34.7350	.0000	**61.4650**
	Erro Std. da média	.00000	1.40135	2.10201	6.77236	1.40135	4.33874	.00000	**2.32481**

Legenda: Aug-Augumentina, AMX- Amoxicilina, ERY- Eritromicina, TET-Tetraciclina, COT-Cotrimoxazol, CHL-Cloranfenicol, CXC-Cloxacilina, OFL-Floxacina, GEN-Gentamicina

CAPÍTULO 5

5.0 DISCUSSÃO

Este estudo relata o exame microbiológico de amostras de urina envolvendo pacientes com cateter e sem cateter no hospital. Foram examinados 130 doentes. A prevalência global de ITU nesta população estudada foi de 58,46%, valor superior ao registado por Bankole *et al.* (2011). Um total de 76 (58,46%) dos 130 doentes tinha ITU. Este valor é mais elevado do que os 49% e 39,69% obtidos por Orrett (2001) e Bankole *et al.* (2011). A localização geográfica pode ser a razão para as diferenças. Este relatório mostra que as mulheres tiveram maior prevalência de IU do que os homens (50% e 26%, respetivamente), o que está de acordo com estudos anteriores de Bankole *et al.* (2011). Isto pode dever-se à proximidade do meato uretral feminino ao ânus, ao facto de a uretra ser mais curta e de as relações sexuais terem sido referidas como factores que influenciam esta maior prevalência de ITU nas mulheres (Andriole, 1985; Ebie *et al.*, 2001; Omoregie *et al.*, 2008). Embora o sexo feminino tenha a parentalidade mais elevada, estatisticamente não existe uma diferença significativa ($p>0,05$)

A faixa etária entre os 21 e os 30 anos apresenta a prevalência mais elevada, o que não está de acordo com o resultado de uma investigação semelhante efectuada em mulheres que utilizavam papel higiénico como penso higiénico na zona rural do Estado de Ekiti (David *et al.*, 2010) e, entre as faixas etárias, a prevalência é muito diferente (Tabela 4.4). Acredita-se que os indivíduos deste grupo etário são mais activos sexualmente e, por conseguinte, mais propensos a ITU. O cateterismo urinário é geralmente indicado para aliviar a obstrução do trato urinário, para permitir a drenagem urinária em doentes com disfunção neurogénica da bexiga e retenção urinária, para auxiliar a cirurgia urológica e para obter uma medição precisa do débito urinário em doentes clinicamente doentes. Estima-se que 4 milhões de doentes são submetidos anualmente a cateterização urinária e, por conseguinte, correm o risco de infeção associada ao cateter e às sequelas que lhe estão associadas (Taiwo e Aderounmu, 2006). Neste estudo, os homens apresentam uma prevalência elevada de 75% de cateterização em relação às mulheres. As idades de 21-30 e 62-70 anos constituem 30% e 20%, respetivamente, o que contradiz o relatório de um trabalho semelhante realizado no Hospital Universitário Ladoke Akintola, Osogbo, Nigéria (Taiwo e Aderounmu, 2006). Dos 20 pacientes com cateter, 19 (95%) apresentam ITUs significativas. A prevalência de ITUs em doentes com cateter foi de 95%, o que é superior aos 88,5% registados por Taiwo e Aderounmu (2006). A duração do cateter varia consoante os doentes; alguns eram pós-operatórios, que não duravam mais de uma a duas semanas. A maioria dos isolados recuperados dos doentes cateterizados eram multirresistentes.

A Escherichia coli foi o isolado predominante que causou ITU neste estudo: 26 (31,7%). Este facto está de acordo com relatórios anteriores de Inabo e Obanibi, 2006; Daniyan *et al.*, 2010; Aiyegoro *et al.*, 2011. Esta elevada incidência de *E. coli* pode ser atribuída ao facto de se tratar de um comensal do intestino e de a infeção ocorrer sobretudo por contaminação fecal devido a falta de higiene. Isto deve-se ao facto de os comensais do intestino estarem mais envolvidos nas ITU devido à proximidade anatómica da área genitor-urinária (Obiogbolu, 2004). Também utilizam P fimbriae (pili associados à pielonefrite) para se ligarem às células endoteliais do trato urinário e colonizarem a bexiga. Estas adesinas ligam-se especificamente às porções de D-galactose-D-galactose no antigénio do grupo sanguíneo P dos eritrócitos e das células uroepiteliais (Ehrlich *et al,* 2005).

O segundo agente patogénico mais isolado é o *Staphylococcus aureus* 18 (21,9%). Isto é contrário aos estudos efectuados na cidade de Benin (aglomerado urbano), na Nigéria, que indicam que *o Staphylococcus aureus* é o isolado predominante (Omoregie *et al.*, 2008). Outros agentes patogénicos isolados por ordem de prevalência incluem *Klebsiella* spp., *Staphylococci* coagulase negativa, *Enterobacter sp., P. mirabilis, P. aeruginosa, Morganella morganii, Providecis sp.* e *Yersinia enterolotica.* (Quadro 4.4).

O Proteus spp. mostra suscetibilidade à augumentina, ofloxacina, gentamincina, ácido nalidíxico e nitrofuranção. A incriminação de *Proteus spp.* nas infecções do trato urinário pode resultar de uma infeção endógena, mas existe a possibilidade de a infeção ser introduzida a partir de uma fonte exógena, como instrumentos de diagnóstico ou terapêuticos. A atividade da urease do *Proteus spp.* é um fator importante que determina a sua patogenicidade no trato urinário. O organismo forma rapidamente amoníaco a partir da ureia na urina. Os tecidos renais ficam saturados com amoníaco, o que promove a infeção. A alcalinidade pode causar a deposição de cálculos de fosfato que promovem a retenção de urina (Gilman *et al.,* 1996).

Isto também revelou que os isolados neste estudo eram coliformes, que são organismos indicadores de segurança, boa higiene e qualidade sanitária. (2002) e Daniyan *et al* (2010), segundo os quais os agentes etiológicos dominantes, responsáveis por mais de 85% dos casos de ITU, são os bacilos Gram-negativos, que constituem a flora normal do trato intestinal.

A resistência antimicrobiana é reconhecida como um problema global crescente (Tenvor e Hughes1996). Neste estudo, todos os isolados *de E. coli* eram resistentes à amoxicilina, o que não está de acordo com o trabalho de Daniyan *et al.* (2010), enquanto 95,83% eram resistentes à tetraciclina. Os antibióticos que registaram a resistência mais elevada foram a tetraciclina, a amoxicilina e o co-trimoxazol. Com este aumento da resistência aos antibióticos, o cotrimoxazol, a amoxicilina e a tetraciclina estão a tornar-se menos eficazes para a terapia, uma vez que todos os uropatógenos mostraram evidência de resistência. Por outro lado, os que têm um efeito elevado, pela ordem das suas actividades, são a nitrofurantoína, o ácido nalidíxico, a ofloxaxina, a gentamincina e a augumentina. A elevada atividade da nitrofuranção neste estudo está de acordo com o relatório de (Mendoza-Voldes *et al.*, 2010).

A elevada resistência observada no co-trimoxazol neste estudo coincide com o resultado de um trabalho semelhante relatado por Daniyan *et al,* (2010). No tratamento com nitrofurantion, 54,7% de *Escherichia coli,* 62,5%, *Staphylococci* coagulase negativo, *P. mirabilis* 75%, e todos os *Enterobacter sp, Yersinia enterolotica, S.typhy, Klebsiella* spp., *P. aeruginosa, Morganella morganii,* e *Providecis sp.* são significativamente susceptíveis. Isto está de acordo com o resultado obtido por Daniyan *et al.*, 2010. A elevada atividade deste medicamento é o facto de ser bacteriostático ou bacteriocida, dependendo da concentração e da suscetibilidade do microrganismo. A sua atividade antibacteriana é reforçada num pH ácido (Reynolds, 1993).

Pensa-se que a nitrofurantoína é reduzida pelas enzimas flavoproteicas bacterianas a um intermediário ativo que inibe as proteínas, o ADN, o ARN e a síntese da parede celular do microrganismo (AHFS Drug Information, 1985). A nitrofurantoína é ativa contra a maioria das estirpes de agentes patogénicos Grampositivos e Gram-negativos do trato urinário, mas geralmente menos ativa contra a maioria das estirpes de *Klebsiella, Enterobacter, Pseudomonas* e *Proteus* (Reynolds, 1993).

O relatório mostra que *a S. typhi* era sensível à nitrofuranção e à tetraciclina. Por outro lado, *a S. typhi* era resistente à augumentina, à amoxicilina, ao ácido nalidíxico e à gentamicina. Estes resultados concordaram com os relatados na literatura (Mandel *et al.*, 2003; Nair e Sudarsona, 2004). As diferenças entre este trabalho e as referências citadas podem ser atribuídas ao aumento da resistência dos organismos aos medicamentos antimicrobianos, que era particularmente comum em *S. typhi* (Dambrot, 2005).

A P. aerugi nosa apresentou as taxas mais elevadas de resistência aos antibióticos normalmente disponíveis utilizados neste estudo, exceto à ofloxacina e à nitrofurançāo, em que apenas 5% dos isolados eram susceptíveis. *A Pseudomonas aeruginosa* é um agente patogénico oportunista de grande relevância. Uma das caraterísticas mais preocupantes da *P. aeruginosa* é a sua baixa suscetibilidade aos antibióticos. Esta baixa suscetibilidade é atribuível a uma ação concertada de bombas de efluxo de múltiplos fármacos com genes de resistência a antibióticos codificados cromossomicamente (por exemplo, *mexAB, mexXY)* (Poole, 2004) e à baixa permeabilidade dos envelopes celulares bacterianos. Para além desta resistência intrínseca, *a P. aeruginosa* desenvolve facilmente resistência adquirida, quer por mutação em genes codificados cromossomicamente, quer por transferências horizontais de genes de determinantes de resistência a antibióticos

antibióticos

No caso dos isolados de bactérias gram-positivas, *o Staphylococcus aureus* apresenta uma elevada suscetibilidade à tetraciclina, ao cloranfenicol e à gentamicina, mas é totalmente resistente à amoxicilina e ao cotrimoxazol, o mesmo tendo sido também referido por Daniyan *et al.,* 2010. No *Staphylococcus* coagulase negativo, 66,7%, 44,4% e 22,2% mostram suscetibilidade a cloranfenicol, gentamicina e eritromicina, respetivamente. Foi observada uma elevada resistência à augumentina, à amoxicilina, à cloxacilina e ao cotrimoxazol.

5.1 CONCLUSÃO

Em conclusão, observou-se uma prevalência global de 58,5% de ITU. O sexo feminino apresenta um risco mais elevado de ITU do que o sexo masculino e, no caso da cateterização, o sexo masculino apresenta a prevalência mais elevada de 75%. Isto indica que o sexo e a idade contribuem largamente para a cateterização. *A E. coli* foi o principal agente patogénico urinário isolado. A maior parte dos isolados recuperados de doentes com cateteres apresentam uma elevada resistência à maioria dos antibióticos utilizados. A resistência entre os organismos isolados foi elevada na *P. aeruginosa* e o antibiótico mais eficaz foi a nitrofurançāo, enquanto o antibiótico menos ativo foi a augumentina, seguida do cotrimoxazol, da tetraciclina e da amoxicilina.

5.2 RECOMENDAÇÃO

Com base neste relatório, recomendo que os cateteres dos doentes sejam mudados periodicamente para evitar a formação de concreções e obstruções que podem conduzir a infecções. Embora se saiba que os antibióticos sistémicos profiláticos atrasam o aparecimento de bacteriúria em doentes cateterizados, não há justificação para a sua utilização de rotina, uma vez que esta prática tem demonstrado estar associada ao aparecimento de agentes patogénicos resistentes (Warren, 1997). No tratamento de doentes com cateteres, deve evitar-se a reintrodução do cateter na bexiga se este tiver saído, uma vez que isto pode introduzir bactérias no trato urinário.

Recomenda-se a deteção precoce das ITU e o tratamento imediato para reduzir o risco e as sequelas das ITU. Além disso, a utilização de antibióticos em contextos veterinários, agrícolas e farmacêuticos deve ser feita com precaução e contenção. O principal fator responsável pelo desenvolvimento e propagação da resistência bacteriana foi identificado como sendo a utilização imprudente de agentes antimicrobianos (Urassa *et al.*, 1997). Assim, as estratégias para melhorar as práticas de prescrição que utilizam dados de vigilância para orientar racionalmente uma utilização mais criteriosa dos antibióticos merecem ser consideradas nesta localidade.

REFERÊNCIA

Adamu, A. Y., Ahmad, A. A. e Olonitola, O. S. (2009). Padrões de resistência de *Staphylococcus aureus e Pseudomonas aeruginosa* a algumas quinolonas isoladas em Kano, Nigéria. Departamento de Microbiologia, Universidade Ahmadu Bello, Zaria, Nigéria. *Revista Ciência Mundial Vol 4 No 1*

Andriole, V. T (1985). O papel da proteína Tamm-Horsfall na patogénese da nefropatia de refluxo e da pielonefrite crónica. *Yale Journaal of. Biological Medicine.* 58: 91-100.

American Hospital Formulary Service (AHFS) Drug information (1985). http://www.inchem.org/documents/pims/pharm/pim377.htm recuperado em 2011

Ali, A.. S, Townes C.L, Hall J, Pickard R.S. (2009). "Manutenção de um trato urinário estéril: o papel dos péptidos antimicrobianos". *Journal of Urology* **182** (182(1)): 21-8. http://www.jurology.com/article/S0022-5347(09)00545-X/abstract

Anyamene C. O, Stellamaris N, Muoneke, Umerie G.N.C (2002). Isolados bacterianos associados a infecções do trato urinário em Akwa e arredores. J. Appl. Sci. *5(4)*: 3092-3098.

Associação de Profissionais de Controlo de Infecções (APIC) (2008). Guide to the Elimination of Catheter-Associated Urinary Tract Infections (CAUTIs) (Guia para a eliminação de infecções do trato urinário associadas a cateteres). www.apic.org.

Aiyegoro, O. A, Igbinosa O. O, Ogunmwonyi I. N, Odjadjaro E, Igbinosa O. E, Okoh A. I. (2007). Incidência de infecções do trato urinário (ITU) entre crianças e adolescentes em Ile - lfe, Nigéria. *African Journal Microbiology Research* 1: 13 - 19.

Babayi, H. M, Kolo, I. Okogun, I e Ijah, U. J. J. (2004). A atividade antimicrobiana do extrato de Eucalyotus Canadulensis e erminalia Catappa contra microorganismos patogénicos. *Bioquímica* 16 (2): 106-111.

Bachur, R, Harper M. B. Reliability of the urinalysis for predicting urinary tract infections in young febrile children (Fiabilidade da análise da urina para prever infecções do trato urinário em crianças pequenas febris). *ArchPediatrAdolescMed.* 2001;155:60-5.

Black, Mary Ann (1994). *Medical nursing.* Springhouse Corp., 2ª ed., p. 97.

Bankole, H. O., Richard O., Mitsan O., Joshua A. A. (2011). Infeção do trato urinário numa comunidade rural da Nigéria. Departamento de Microbiologia Médica, Faculdade de Ciências da Saúde, Universidade Igbinedion, Okada, Estado de Edo, Nigéria. *Revista Norte-Americana de Ciências Médicas;* Volume 3. No. 2, p: 75-77.

Cheesbrough M (2006). District Laboratory Practice in Tropical Countries. Cambridge University Press, p. 434.

Crouzet, J. Bertrand X, Venier A. G, Badoz M, Husson C, Talon D. (2007). Controlo da duração da cateterização urinária: impacto na infeção do trato urinário associada ao cateter. *Jornal de Infeção Hospitalar;* 67(3):253-7.

David O.M, Falegan C.R e Oluyege A.O. (2010). Incidência de infecções sintomáticas do trato urinário entre mulheres jovens que utilizam papel higiénico como penso higiénico na Nigéria rural: um estudo de coorte. Departamento de Microbiologia, Universidade de Ado-Ekiti, Ekiti, (NIGÉRIA). *Jornal de Medicina e Ciências Biomédicas;* 25-29

Das R. N, Chandrashekhar T. S, Joshi H. S, Gurung M, Shrestha N, Shivananda (2006), P G Department Frequency and susceptibility profile of pathogens causing urinary tract infections at a tertiary care hospital in western Nepal.Singapore *Medica Journal;* 47(4) : 281.

Dambrot, C. (2005). Mês da História da Mulher: Typhoid Mary. Google Http: //www.cbwinfo. com/Biological/pathogens/ST. html.

Daini O.A, Ogbolu O.D, Ogunledun A. (2005). Resistência às quinolonas e plasmídeos R de alguns bacilos entéricos Gramnegativos. *Afican journal of Clinical. Experimental Microbiology* 6(1): 15-21.

Daniyan, S.Y. Dangana A, Abalaka M. E. (2010). Incidência de Bacteriúria Assintomática em Pacientes Pré-Natais que frequentam o Hospital Geral do Estado de Minna-Níger. Departamento de Microbiologia, Universidade Federal de Tecnologia, *Centro de Pesquisa Agrícola da Líbia Jornal Internacional* 1 (2): 100-102.

Ebie M, Y, Kandakai-Olukemi Y. T, Ayanbadejoteer J, Tanyigna K. B (2001).Infecções do trato urinário num hospital militar nigeriano. *Nigeriia Journal Microbiology* 15 (1): 31-37

Ehinmidu, J. O. (2003). Padrões de suscetibilidade a antibióticos de isolados bacterianos de urina em Zaria, Nigéria. *Trop JPharm Research;* **2:** 223-228

Ehrlich G, Hu F, Shen K, Stoodley P, e Post J (2005). A pluralidade bacteriana como mecanismo geral de persistência em infecções crónicas. *Clin Orthop Relat Res:* 20-4.

Foxman B, Barlow R, Arcy H, Gillespie B, Sobel JD (2000). Urinary tract infection: self-reported incidence and associated costs (Infeção do trato urinário: incidência auto-relatada e custos associados). *Annal Epidemiology,* (10): 509-15.

Foxman, B (2002). Epidemiologia das infecções do trato urinário: incidência, morbilidade e custos económicos. *America Journal of Medicine,* 113 (Suppl. 1A): 5S-13S.

Foxman, B (2003). "Epidemiologia das infecções do trato urinário: incidência, morbilidade e custos económicos". *Disease-a-month* 49 (2): 53-70.

Geert H. (2002). Teste de suscetibilidade a antibióticos de bactérias associadas à aquacultura com o método de difusão em disco, PON ASIARESIT-ABR. Laboratório de Microbiologia K.L.

Ledeganckst 35 B-9000 Gent (BÉLGICA). www.medinfo.dist.unige.it/Asiaresist/results/SOP-ASIARESIST-ABR.pdf.

Getliffe, K, Newton R. (2006). Infecções do trato urinário associadas a cateteres nos cuidados de saúde primários e comunitários. Age and Aging; 35: 447-481.

Gilman, A. G, Ruddon R. W, Moligoft P. B, Gimbid L. E, Hardman J. G. (1996).The pharmacological basis of Therapeutics. 9th Edition. International Education. pp.1036-1070.

Grubenberg G. N (1984). Sensibilidades antibióticas de agentes patogénicos urinários. 1971-1982; Antimicrob Chemotherapy; 14: 17 - 23.

Gupta, V, Yadav A, Joshi R. M (2002). Antibiotic resistance pattern in uropathogens. *Jornal Indiano de Microbiologia Médica;* 20: 96-98.

Hanno, Philip M., Wein, Alan J., Malkowicz, S. Bruce. *Clinical manual of urology.* McGrawHill Professional, 2001. p. 78. http://en.wikipedia.org/wiki/Urinary_catheterization

Heidi, L. Wald, M. D, Allen M. A; Dale W. Bratzler, D. O, Andrew M. Kramer, M. D (2008) *Arch Surg.;* 143(6):551-557.

http://en.wikipedia.org/wiki/Urinary_catheterization Recuperado em 10 de abril de 2011

http://www.biofilmsonline.com/cgi-bin/biofilmsonline/00448.html recuperado em 8/07/2011.

http://womenshealth.about.com/od/urinarytractinfections/a/preventuti.htm 2/10/2011

http://www.health.vic.gov.au/edfactsheets recuperado em 11/07/2011

http:// www.shurtterstock.com, 2011

Hsu L-Y, Tan T-Y, Jureen R, Koh T-H, Krishnan P, Lin RT-P, (2007). Antimicrobial drug resistance in Singapore hospitals (Resistência aos medicamentos antimicrobianos nos hospitais de Singapura). Emerg Infect Dis. http: / / www. cdc. go v/EID/content/13/12/1944. htm

Inabo, H. I. e Obanibi, H. B. T. (2006). Suscetibilidade antimicrobiana de alguns isolados clínicos do trato urinário a antibióticos normalmente utilizados. Departamento de Ciências Aplicadas, C.S.T., Politécnico de Kaduna, Kaduna, Nigéria. Jornal Africano de Biotecnologia Vol. 5 (5), pp. 487-489,

Jeffrey, A. Norton, Philip S. Barie, R. Randal Bollinger, Alfred E. Chang, Stephen F. Lowry, Sean J Mulvihill, M.D., Harvey I Pass, M.D., Robert W Thompson, M.D. (2008). *Surgery: Basic Science and Clinical Evidence.* Springer, 2ª ed., p. 281.

Jan Hudzicki, (2010). Kirby-Bauer Disk Diffusion Susceptibility Test Protocol.Microbe Library Beta. http://www.microbelibrary.org/component/resource/laboratory-test/3189-kirby-bauer-disk-diffusion-susceptibility-test-protocol .Retrieved on 5/6/2010.

Jombo, G.T.A, Emanghe U.E, Amefule E.N e Damen J.G (2011). Infecções do trato urinário num hospital universitário nigeriano: Causas, padrões e perfil de suscetibilidade antimicrobiana. Departamento de Microbiologia Médica e Parasitologia, Faculdade de Ciências da Saúde, Universidade Estatal de Benue. *Jornal de Microbiologia e Antimicrobianos* Vol. 3(6), pp. 153-159.

Justice, S, Hunstad D, Seed P, Hultgren S (2006). "A filamentação por *Escherichia coli* subverte as defesas inatas durante a infeção do trato urinário". *Proc Natl Acad Sci USA* 103 (52): 198849.

Klevens, R. M, Edward J. R, (2002). Estimating health care-associated infections and deaths in U.S. hospitals, Public Health Reports ;122: 160-166

Klevens, R. M, Edwards J. R, Richards C. L, (2007). Estimating health care associated infections and deaths in U.S. hospitals, 2002. *Public Health Rep;* 122:160-167. http://www.cdc.gov/ncidod/dhqp/pdf/hicpac/infections_deaths.pdf

Koff, S. A, Wagner T. T, Jayanthi V. R. (1998). A relação entre síndromes de eliminação disfuncional, refluxo vesicoureteral primário e infecções do trato urinário em crianças. *Journal of Urology* .;160:1019-22.

Kreger B. E, Craven D. E, McCabe W. R. (1980). Bacteriémia Gram-negativa IV. Reavaliação das caraterísticas clínicas e tratamento em 612 pacientes. *America Journal of Medcine* 68: 344355.

Livermore D.M, James D, Reacher M. (2002). Tendências da resistência às fluoroquinolonas (ciprofloxacina) em enterobacteriaceae de bacteriémias (Inglaterra e País de Gales) 1990-1999. *Emergência de Doenças Infecciosas* 8: 473-478.

Loening-Baucke V. (1997). Incontinência urinária e infeção do trato urinário e sua resolução com o tratamento da obstipação crónica da infância. *Pediatria;* 100:228-32.

Lo E, Nicolle L, Classen D, et al. (2008) Strategies to prevent catheter associated urinary tract infections in acute care hospitals (Estratégias para prevenir infecções do trato urinário associadas a cateteres em hospitais de cuidados agudos). Infection Cont and Hosp Epid; 29 (Suppl 1): s41-50.

Maki, D, Tambyah P. (. 2001). CDC - Engenharia do risco de infeção com cateteres urinários. Disponível em: http://www.cdc.gov/ncidod/eid/vol7no2/maki.htm. Acessado em 12/07/2011.

Mandel, S. Mandel, M. D. e Nighith, K. P. (2003). Ofloxacina. Concentração inibitória mínima versus diâmetro da zona de difusão em disco para isolados de *Salmonella enterica* Serotype *typhi*: Problems in the Detection of Ofloxacin Resistance (Problemas na deteção da resistência à ofloxacina). *Journal of Infectious Diseas,* 56; 210 - 12.

Merck Sharp & Dhme Corp, (2009). Perturbações dos rins e do trato urinário. Manual Merck de Geriatria; Secção 12. http://www.merck.com/mkgr/mmg/sec12/ch100/ch100b.jsp

Mendoza-Voldes, A, Rosete A, Rios Bueno E, Frentzel A, Trapp S, Kirch W, Mueller EA (2010). Eficácia antimicrobiana e clínica da nitrofurantoína no tratamento de infecções agudas do trato urinário inferior em adultos. Med. Klin., 108 (10): 698-704.

Marild, S, Jodal U. (1998). Taxa de incidência de infeção do trato urinário sintomática pela primeira vez em crianças com menos de 6 anos de idade. *Ata Paediatr;* 87:549-52.

Murray, P.R., Baron, E.J., Jorgensen J.H. (2003). *Manual of Clinical Microbiology,* 8ª edição. Sociedade Americana de Microbiologia, Washington, DC.

Nicolle, LE (2008). "Infeção do trato urinário não complicada em adultos, incluindo pielonefrite não complicada". *Urol Clin North Am* **35** (1): 1-12.

Naber, K.G., Bergman B., Bishop M.C., Bjerklund Johansen T.E., Botto H., Lobel B., Jimenez Cruz F, Selvaggi F.P. (2001), Guidelines On Urinary And Male Genital Tract Infections. *Associação Europeia de Urologia;*

Nair, L. e Sudarsona, J. (2004).Mudança do padrão de sensibilidade da *Salmonella typhi* em Calicute. *Journal of Calicut Medica* 2;1-6.

Nakhjavani, F. A, Mirsalehian A, Hamidian M, Kazemi B, Mirafshar M , Jabalameli F. (2006). Antimicrobial Susceptibility Testing for *Escherichia coli* Strains to Fluoroquinolones, in Urinary Tract Infections Dept. of Microbiology, School of Medicine, Tehran University of Medical Sciences, *Iran. Jornal Iraniano de Saúde Pública,* Vol. 36, No.1, 2007, pp.89-92

Nawaz, S. K, Riaz S, Hasnain S (2009). Rastreio de bactérias produtoras de bacteriocinas de *Staphylococcus aureus* resistentes à meticilina (MRSA). *África. Jornal de Biotecnologia.* 8 (3): 365-368

NHS, (2008). Urinary tract infection in children: diagnosis, treatment and long-term management, *Desenvolvido pelo Centro Nacional de Colaboração para a Saúde da Mulher e da Criança.* www.nice.org.uk (recuperado em 11/07/2011)

Obiogbolu, C. H (2004). Incidência de Infeção do Trato Urinário entre Mulheres Grávidas na Metrópole de Akwa. Um projeto de licenciatura no Departamento de Microbiologia Aplicada e Fabrico de cerveja, Universidade Nnamdi Azikwe, Awka, Estado de Anambra, Nigéria, p. 55.

Ojo, O. O. e Anibijuwon I. I. (2010). Infeção do trato urinário entre estudantes do sexo feminino que residem no campus da Universidade de Ado Ekiti, Nigéria. Departamento de Microbiologia, Faculdade de Ciências, Universidade de Ado-Ekiti, P.M.B 5363, Ado-Ekiti, Ekiti, *African Journal of Microbiology* Research Vol. 4 (12), pp. 1195-1198.

Okonko, I. O, Soleye F.A, Amusan T. A, Ogun A. A, Ogunnusi T. A e Ejembi J (2009). Incidência de organismos com resistência a múltiplos fármacos (MDR) em Abeokuta, no *sudoeste da Nigéria. Global J. Pharmacol.* 3(2): 69-80.

Oladipo, A. A, Abdul-Rasheed A., Babatunde W. O, e Adebayo L. (2009) Antimicrobial Resistance in *Escherichia coli* Strains From Urinary Tract Infections. Departamento de Microbiologia Médica e Parasitologia, Faculdade de Ciências da Saúde, Universidade Obafemi Awolowo, Ile-Ife, Estado de Osun, Nigéria. *Jornal da Associação Médica Nacional* VOL. 101, NO. 12, p 1268-1273

Omoregie, R, Erebor J. O, Ahonkhai I, Isobor J. O e Ogefere H. O. (2008). Alterações observadas na prevalência de uropatogénios na cidade de Benin, Nigéria. *NZJMed Lab Sci;* 62: 29 - 31.

Oni A.A, Bakare R.A, Arowojolu O.A, Kehinde O.A, Toki R.A, Fashina N. A. (2001). Actividades comparativas de quinolonas comercialmente disponíveis e outros antibióticos em isolados bacterianos em Ibadan, Nigéria. *African. Journal Medical Science* 30: 35-37

Oni A.A, Mbah G.A, Ogunkunle M.O, Shittu O.B, Bakare R.A. (2003). Infeção nosocomial: Infeção do trato urinário em doentes com cateter urinário de demora. *African. Journal Clinical. Experiment Microbiology* 4: 63-71.

Orrett, F.A. (2001). Infeção do trato urinário na prática geral numa comunidade rural no sul de Trindade. Saudi *Medical Journal*; 22(6) 537 - 540.

Oyeleke S. B. e Manga S. B (2008). Essentials of Laboratory Practicals inMicrobiology Tobest publisher, Minna. Nigéria, pp71-80.

Pappas, P.G. (1991) Laboratory in the diagnosis and management of urinary tract infections (Laboratório no diagnóstico e tratamento de infecções do trato urinário). *Med Clin North Am,* 75:313-325.

Poole, K. (2004). "Multiresistência mediada por efluxo em bactérias Gram-negativas". *Microbiologia Clínica e Infeção* **10** (1): 12-26.

Raju C. B., Tiwari S. C. (2004). Infeção do trato urinário - Uma abordagem adequada. Notas de aula. J. *Academia Indiana de Medicina Clínica* 2 (4): 331-334.

Reynolds, J.E Martindale, (1993). The Extra Pharmacopea. 30Th.ed. The Pharmaceutical Press. Londres. Royal Marsden Handbook of Clinical Nursing Procedure 6ª ed., Londres.

Reynolds, J.E, Martindale, (1985). The Extra Pharmacopea. 28Th.ed. The Pharmaceutical Press, Londres. Royal Marsden Handbook of Clinical Nursing Procedure 6ª ed., Londres.

Sirot, D. L, Goldstein F. W, Soussy CJ, Courtien AL (1992). Resistência à cefotaxima e a sete outros beta-lactâmicos em membros da família Enterobacteriaceae: um estudo de 3 anos em França. *Antimicrob Agents Chemother,* (36):1677-81.

Saint, S. (2000). Consequências clínicas e económicas da bacteriúria nosocomial relacionada com cateteres. *Am J Infect Control;* 28:68-75.

Simonsen, G. S, Tapsall J. W, Allegranzi B, Talbot E. A, Lazzari S. (2004).A abordagem de contenção e vigilância da resistência antimicrobiana - uma ferramenta de saúde pública. Boletim. *World Health Organ.* 82: 928-934.

Shaikh, N, Hoberman A, Wise B, Kurs-Lasky M, Kearney D, Naylor S, (2003). Síndrome de eliminação disfuncional: está relacionada com infeção do trato urinário ou refluxo vesicoureteral diagnosticado precocemente? *Pediatrics;* 112:1134-7.

Sharma S. C. (1997). Compreensão dos mecanismos patogénicos na UTIS. *Ann Nationl Academy medical Science;* 33(1): 31-8.

Steere, A. C, Stamm W. E, Martin S. M, Bennett J. V. (1979). Bacteriemia por bastonetes Gram-negativos. *Hospital infections. Little, Brown and Company, Boston.* pp 507-518.

Stephan D. Fihn, M.D., M.P.H. (2003). Infeção aguda não complicada do trato urinário em mulheres *New England Journal of Medicine*; 349:259-266.

Steven L. Chang, MD, Linda D. Shortliffe, MD (2006). Pediatric Urinary Tract Infections (Infecções do Trato Urinário Pediátrico). Department of Urology, Stanford University School of Medicine, 300 Pasteur Drive, S-287, Stanford Pediatr Clinic North America (53) 379-400

Steven E. G, Catherine M. B, Carol E. C, Van H. R, Lauren B. Z. (2011).Infeção do trato urinário Guideline for Health System Clinical Care da Universidade do Michigan. http://cme.med.umich.edu/pdf/guideline/uti.pdf

Taiwo, S. S e Aderounmu A.O.A. (2006). Infeção do trato urinário associada a cateter: Agentes etiológicos e padrão de suscetibilidade antimicrobiana no Hospital Universitário de Ensino Ladoke Akintola, Osogbo, Departamentos de Microbiologia Médica/Parasitologia *Nigéria African Journal of Biomedical Research,* Vol. 9; 141 - 148.

Tankhiwale S. S. Jalgaonkar V. S, Atimad S, Hassani U. (2004). Avaliação do espetro alargado de beta-lactamase em isolados urinários. *Jornal Indiano de Investigação Médica;* 120, 553-556.

Tambyah, P. A, Maki D. G. (2000). A infeção do trato urinário associada ao cateter raramente é sintomática; um estudo prospetivo de 1497 pacientes cateterizados. *Arch Int Med;* 160:67882.

Tambekar, D H, Khandelwal V. K, (2005). Antibiograma de agentes patogénicos do trato urinário. 46ª conferência anual da associação de microbiologistas da Índia, Universidade de Osmania, Hydrabad, 8-10 de dezembro.

Tambekar, D. H, Dhanorkar D. V (2005). A prevalência e o antibiograma de potenciais agentes patogénicos bacterianos em amostras clínicas. 46ª Conferência Anual da Associação de Microbiologistas da Índia, Departamento de Microbiologia, Universidade de Osmania, Hyderabad, 8-10 de dezembro.

Tenvor, F.C, e Hughes J.M. (1996). The challenges of emerging infectious diseases: development and spread of multiply-resistant bacteria pathogens. *JAMA;275:* 300-304.

Twaij M. (2000). Infeção do trato urinário em crianças: uma revisão da sua patogénese e factores de risco. *JR Soc Health.* ;120:220-6.

Threfall E.J, Cheasty T, Graham A, Rowe B. (1997). Resistência de alto nível à ciprofloxacina em *Escherichia coli. Lancet.* 349: 403.

Urassa, W, Lyamuya E, Mhalu F. (1997). Tendências recentes sobre a resistência bacteriana aos antibióticos. *East Africa Medica Journal;* 74: 129-133.

Victoria, (2008). Infeção do trato urinário, ficha informativa do serviço de urgência.

www.health.vic.gov.au/edfactsheets (recuperado em 11/07/2011)

Warren, J. W. (1997). Infeção do trato urinário associada a cateteres. *Infect. Dis. Clin. North Am.* 11: 609-622

Williams L. & Wilkins. (2006). *Best practices: evidence-based nursing procedures.*Lippincott Williams & Wilkins, 2nd ed. p. 454-555.

Zakaria, E. A (2005). Aumento da resistência à ciprofloxacina entre os isolados bacterianos prevalecentes do trato urinário na Faixa de Gaza, Palestina. *Journal of Biomedica and Biotechnology,* (3): 238-41.

Apêndice I

Composição dos meios de comunicação

Ágar Nutriente (NA)

Extrato de levedura	2g
Água de Pepton	5g
Cloreto de sódio	5g
Ágar	15g
Destilar água	1000ml
pH	7.0

Ágar Mueller Hinton

Infusão de carne	6g
Hidrosato de caseína	17.5g
Amido	1.5g
Ágar n.º 1	10g
Água destilada	1000ml
pH	7.

Meio com deficiência de cistina-lactose-eletrólito (CLED)

Fórmula típica*	**gm/litro**
Peptona	4.0
Pó "Lab-Lemco	3.0
Triptona	4.0
Lactose	10.0
L-cistina	0.128
Azul de bromotimol	0.02

Ágar	15.0

Preparação de meios de cultura

Ágar nutriente

Para o efeito, suspender 23 g do meio num litro de água purificada. Aquecer com agitação frequente e ferver durante um minuto para dissolver completamente o meio. Autoclavar a 121°C durante 15 minutos. Deixar arrefecer até cerca de 45°C e depois verter para placas.

Meio com deficiência de cistina-lactose-eletrólito (CLED)

Para o efeito, suspender 36,2 g em 1 litro de água destilada. Levar à ebulição para dissolver completamente. Esterilizar por autoclavagem a 121°C durante 15 minutos. Misturar bem e verter em seguida para placas a uma temperatura de cerca de 45-50°C.

Ágar Mueller Hinton

Para o efeito, suspender 38 g em 1 litro de água destilada. Levar à ebulição para dissolver completamente o meio. Esterilizar por autoclavagem a 121°C durante 15 minutos. Deixar arrefecer até uma temperatura de 45°C, misturar bem e deitar nas placas.

REAGENTE UES

I Safranina

1,0 g de Safranina

100 ml de água destilada

Ii Mancha Violeta Cristalina

0,5 g de violeta cristal

100 ml de água destilada

Iii Coloração de Gram

2,0 g de iodeto de potássio (KI)

10,0 g de iodo

300 ml de água destilada.

Apêndice ii

Multiple Comparisons of antibiotic activities								
Dependent Variable		(I) MICROBES	(J) MICROBES	Mean Difference (I-J)	Std. Error	Sig.	95% Confidence Interval	
							Lower Bound	Upper Bound
Augumentine	Tukey HSD	*E. COLI*	*ENTEROBACTER SP.*	8.30000*	.06285	.000	8.0798	8.5202
			YERSINIA ENTEROLOLITICA	8.30000*	.06285	.000	8.0798	8.5202
			PSEUDOMONAS AURIGINOSA	8.30000*	.06285	.000	8.0798	8.5202
			SAMOLLENA TYPHI	8.30000*	.06285	.000	8.0798	8.5202
			PROTEUS MIRABILIS	-16.83333*	.06285	.000	-17.0536	-16.6131
			PROVIDECIA SP	8.30000*	.06285	.000	8.0798	8.5202
			MORGANELLA MORGANII	-41.70000*	.06285	.000	-41.9202	-41.4798
			KLEBSIELLA PNEUMONIAE	8.30000*	.06285	.000	8.0798	8.5202
		ENTEROBACTER SP.	*E. COLI*	-8.30000*	.06285	.000	-8.5202	-8.0798
			YERSINIA ENTEROLOLITICA	.00000	.06285	1.000	-.2202	.2202
			PSEUDOMONAS AURIGINOSA	.00000	.06285	1.000	-.2202	.2202
			SAMOLLENA TYPHI	.00000	.06285	1.000	-.2202	.2202
			PROTEUS MIRABILIS	-25.13333*	.06285	.000	-25.3536	-24.9131
			PROVIDECIA SP	.00000	.06285	1.000	-.2202	.2202
			MORGANELLA MORGANII	-50.00000*	.06285	.000	-50.2202	-49.7798
			KLEBSIELLA PNEUMONIAE	.00000	.06285	1.000	-.2202	.2202
		YERSINIA ENTEROLOLITICA	*E. COLI*	-8.30000*	.06285	.000	-8.5202	-8.0798
			ENTEROBACTER SP.	.00000	.06285	1.000	-.2202	.2202
			PSEUDOMONAS AURIGINOSA	.00000	.06285	1.000	-.2202	.2202
			SAMOLLENA TYPHI	.00000	.06285	1.000	-.2202	.2202
			PROTEUS MIRABILIS	-25.13333*	.06285	.000	-25.3536	-24.9131
			PROVIDECIA SP	.00000	.06285	1.000	-.2202	.2202

	MORGANELLA MORGANII	-50.00000*	.06285	.000	-50.2202	-49.7798
	KLEBSIELLA PNEUMONIAE	.00000	.06285	1.000	-.2202	.2202
PSEUDOMONAS AURIGINOSA	*E. COLI*	-8.30000*	.06285	.000	-8.5202	-8.0798
	ENTEROBACTER SP.	.00000	.06285	1.000	-.2202	.2202
	YERSINIA ENTEROLOLITICA	.00000	.06285	1.000	-.2202	.2202
	SAMOLLENA TYPHI	.00000	.06285	1.000	-.2202	.2202
	PROTEUS MIRABILIS	-25.13333*	.06285	.000	-25.3536	-24.9131
	PROVIDECIA SP	.00000	.06285	1.000	-.2202	.2202
	MORGANELLA MORGANII	-50.00000*	.06285	.000	-50.2202	-49.7798
	KLEBSIELLA PNEUMONIAE	.00000	.06285	1.000	-.2202	.2202
SAMOLLENA TYPHI	*E. COLI*	-8.30000*	.06285	.000	-8.5202	-8.0798
	ENTEROBACTER SP.	.00000	.06285	1.000	-.2202	.2202
	YERSINIA ENTEROLOLITICA	.00000	.06285	1.000	-.2202	.2202
	PSEUDOMONAS AURIGINOSA	.00000	.06285	1.000	-.2202	.2202
	PROTEUS MIRABILIS	-25.13333*	.06285	.000	-25.3536	-24.9131
	PROVIDECIA SP	.00000	.06285	1.000	-.2202	.2202
	MORGANELLA MORGANII	-50.00000*	.06285	.000	-50.2202	-49.7798
	KLEBSIELLA PNEUMONIAE	.00000	.06285	1.000	-.2202	.2202
PROTEUS MIRABILIS	*E. COLI*	16.83333*	.06285	.000	16.6131	17.0536
	ENTEROBACTER SP.	25.13333*	.06285	.000	24.9131	25.3536
	YERSINIA ENTEROLOLITICA	25.13333*	.06285	.000	24.9131	25.3536
	PSEUDOMONAS AURIGINOSA	25.13333*	.06285	.000	24.9131	25.3536
	SAMOLLENA TYPHI	25.13333*	.06285	.000	24.9131	25.3536
	PROVIDECIA SP	25.13333*	.06285	.000	24.9131	25.3536
	MORGANELLA MORGANII	-24.86667*	.06285	.000	-25.0869	-24.6464
	KLEBSIELLA PNEUMONIAE	25.13333*	.06285	.000	24.9131	25.3536
PROVIDECIA	*E. COLI*	-8.30000*	.06285	.000	-8.5202	-8.0798

		SP	*ENTEROBACTER SP.*	.00000	.06285	1.000	-.2202	.2202
			YERSINIA ENTEROLOLITICA	.00000	.06285	1.000	-.2202	.2202
			PSEUDOMONAS AURIGINOSA	.00000	.06285	1.000	-.2202	.2202
			SAMOLLENA TYPHI	.00000	.06285	1.000	-.2202	.2202
			PROTEUS MIRABILIS	-25.13333*	.06285	.000	-25.3536	-24.9131
			MORGANELLA MORGANII	-50.00000*	.06285	.000	-50.2202	-49.7798
			KLEBSIELLA PNEUMONIAE	.00000	.06285	1.000	-.2202	.2202
		MORGANELLA MORGANII	*E. COLI*	41.70000*	.06285	.000	41.4798	41.9202
			ENTEROBACTER SP.	50.00000*	.06285	.000	49.7798	50.2202
			YERSINIA ENTEROLOLITICA	50.00000*	.06285	.000	49.7798	50.2202
			PSEUDOMONAS AURIGINOSA	50.00000*	.06285	.000	49.7798	50.2202
			SAMOLLENA TYPHI	50.00000*	.06285	.000	49.7798	50.2202
			PROTEUS MIRABILIS	24.86667*	.06285	.000	24.6464	25.0869
			PROVIDECIA SP	50.00000*	.06285	.000	49.7798	50.2202
			KLEBSIELLA PNEUMONIAE	50.00000*	.06285	.000	49.7798	50.2202
		KLEBSIELLA PNEUMONIAE	*E. COLI*	-8.30000*	.06285	.000	-8.5202	-8.0798
			ENTEROBACTER SP.	.00000	.06285	1.000	-.2202	.2202
			YERSINIA ENTEROLOLITICA	.00000	.06285	1.000	-.2202	.2202
			PSEUDOMONAS AURIGINOSA	.00000	.06285	1.000	-.2202	.2202
			SAMOLLENA TYPHI	.00000	.06285	1.000	-.2202	.2202
			PROTEUS MIRABILIS	-25.13333*	.06285	.000	-25.3536	-24.9131
			PROVIDECIA SP	.00000	.06285	1.000	-.2202	.2202
			MORGANELLA MORGANII	-50.00000*	.06285	.000	-50.2202	-49.7798
Ofloxacin	Tukey HSD	*E. COLI*	*ENTEROBACTER SP.*	-15.36667*	.31466	.000	-16.4692	-14.2641
			YERSINIA ENTEROLOLITICA	24.66667*	.31466	.000	23.5641	25.7692
			PSEUDOMONAS AURIGINOSA	-25.66667*	.31466	.000	-26.7692	-24.5641
			SAMOLLENA TYPHI	24.66667*	.31466	.000	23.5641	25.7692
			PROTEUS MIRABILIS	-25.66667*	.31466	.000	-26.7692	-24.5641

	PROVIDECIA SP	-75.33333*	.31466	.000	-76.4359	-74.2308
	MORGANELLA MORGANII	-25.33333*	.31466	.000	-26.4359	-24.2308
	KLEBSIELLA PNEUMONIAE	-.66667	.31466	.491	-1.7692	.4359
ENTEROBACTER SP.	*E. COLI*	15.36667*	.31466	.000	14.2641	16.4692
	YERSINIA ENTEROLOLITICA	40.03333*	.31466	.000	38.9308	41.1359
	PSEUDOMONAS AURIGINOSA	-10.30000*	.31466	.000	-11.4025	-9.1975
	SAMOLLENA TYPHI	40.03333*	.31466	.000	38.9308	41.1359
	PROTEUS MIRABILIS	-10.30000*	.31466	.000	-11.4025	-9.1975
	PROVIDECIA SP	-59.96667*	.31466	.000	-61.0692	-58.8641
	MORGANELLA MORGANII	-9.96667*	.31466	.000	-11.0692	-8.8641
	KLEBSIELLA PNEUMONIAE	14.70000*	.31466	.000	13.5975	15.8025
YERSINIA ENTEROLOLITICA	*E. COLI*	-24.66667*	.31466	.000	-25.7692	-23.5641
	ENTEROBACTER SP.	-40.03333*	.31466	.000	-41.1359	-38.9308
	PSEUDOMONAS AURIGINOSA	-50.33333*	.31466	.000	-51.4359	-49.2308
	SAMOLLENA TYPHI	.00000	.31466	1.000	-1.1025	1.1025
	PROTEUS MIRABILIS	-50.33333*	.31466	.000	-51.4359	-49.2308
	PROVIDECIA SP	-100.00000*	.31466	.000	-101.1025	-98.8975
	MORGANELLA MORGANII	-50.00000*	.31466	.000	-51.1025	-48.8975
	KLEBSIELLA PNEUMONIAE	-25.33333*	.31466	.000	-26.4359	-24.2308
PSEUDOMONAS AURIGINOSA	*E. COLI*	25.66667*	.31466	.000	24.5641	26.7692
	ENTEROBACTER SP.	10.30000*	.31466	.000	9.1975	11.4025
	YERSINIA ENTEROLOLITICA	50.33333*	.31466	.000	49.2308	51.4359
	SAMOLLENA TYPHI	50.33333*	.31466	.000	49.2308	51.4359
	PROTEUS MIRABILIS	.00000	.31466	1.000	-1.1025	1.1025
	PROVIDECIA SP	-49.66667*	.31466	.000	-50.7692	-48.5641
	MORGANELLA MORGANII	.33333	.31466	.973	-.7692	1.4359
	KLEBSIELLA PNEUMONIAE	25.00000*	.31466	.000	23.8975	26.1025

SAMOLLENA TYPHI	E. COLI	-24.66667*	.31466	.000	-25.7692	-23.5641
	ENTEROBACTER SP.	-40.03333*	.31466	.000	-41.1359	-38.9308
	YERSINIA ENTEROLOLITICA	.00000	.31466	1.000	-1.1025	1.1025
	PSEUDOMONAS AURIGINOSA	-50.33333*	.31466	.000	-51.4359	-49.2308
	PROTEUS MIRABILIS	-50.33333*	.31466	.000	-51.4359	-49.2308
	PROVIDECIA SP	-100.00000*	.31466	.000	-101.1025	-98.8975
	MORGANELLA MORGANII	-50.00000*	.31466	.000	-51.1025	-48.8975
	KLEBSIELLA PNEUMONIAE	-25.33333*	.31466	.000	-26.4359	-24.2308
PROTEUS MIRABILIS	E. COLI	25.66667*	.31466	.000	24.5641	26.7692
	ENTEROBACTER SP.	10.30000*	.31466	.000	9.1975	11.4025
	YERSINIA ENTEROLOLITICA	50.33333*	.31466	.000	49.2308	51.4359
	PSEUDOMONAS AURIGINOSA	.00000	.31466	1.000	-1.1025	1.1025
	SAMOLLENA TYPHI	50.33333*	.31466	.000	49.2308	51.4359
	PROVIDECIA SP	-49.66667*	.31466	.000	-50.7692	-48.5641
	MORGANELLA MORGANII	.33333	.31466	.973	-.7692	1.4359
	KLEBSIELLA PNEUMONIAE	25.00000*	.31466	.000	23.8975	26.1025
PROVIDECIA SP	E. COLI	75.33333*	.31466	.000	74.2308	76.4359
	ENTEROBACTER SP.	59.96667*	.31466	.000	58.8641	61.0692
	YERSINIA ENTEROLOLITICA	100.00000*	.31466	.000	98.8975	101.1025
	PSEUDOMONAS AURIGINOSA	49.66667*	.31466	.000	48.5641	50.7692
	SAMOLLENA TYPHI	100.00000*	.31466	.000	98.8975	101.1025
	PROTEUS MIRABILIS	49.66667*	.31466	.000	48.5641	50.7692
	MORGANELLA MORGANII	50.00000*	.31466	.000	48.8975	51.1025
	KLEBSIELLA PNEUMONIAE	74.66667*	.31466	.000	73.5641	75.7692
MORGANELLA MORGANII	E. COLI	25.33333*	.31466	.000	24.2308	26.4359
	ENTEROBACTER SP.	9.96667*	.31466	.000	8.8641	11.0692
	YERSINIA ENTEROLOLITICA	50.00000*	.31466	.000	48.8975	51.1025

			PSEUDOMONAS AURIGINOSA	-.33333	.31466	.973	-1.4359	.7692
			SAMOLLENA TYPHI	50.00000*	.31466	.000	48.8975	51.1025
			PROTEUS MIRABILIS	-.33333	.31466	.973	-1.4359	.7692
			PROVIDECIA SP	-50.00000*	.31466	.000	-51.1025	-48.8975
			KLEBSIELLA PNEUMONIAE	24.66667*	.31466	.000	23.5641	25.7692
		KLEBSIELLA PNEUMONIAE	*E. COLI*	.66667	.31466	.491	-.4359	1.7692
			ENTEROBACTER SP.	-14.70000*	.31466	.000	-15.8025	-13.5975
			YERSINIA ENTEROLOLITICA	25.33333*	.31466	.000	24.2308	26.4359
			PSEUDOMONAS AURIGINOSA	-25.00000*	.31466	.000	-26.1025	-23.8975
			SAMOLLENA TYPHI	25.33333*	.31466	.000	24.2308	26.4359
			PROTEUS MIRABILIS	-25.00000*	.31466	.000	-26.1025	-23.8975
			PROVIDECIA SP	-74.66667*	.31466	.000	-75.7692	-73.5641
			MORGANELLA MORGANII	-24.66667*	.31466	.000	-25.7692	-23.5641
Gentamicin	Tukey HSD	*E. COLI*	*ENTEROBACTER SP.*	25.16667*	.11111	.000	24.7773	25.5560
			YERSINIA ENTEROLOLITICA	25.16667*	.11111	.000	24.7773	25.5560
			PSEUDOMONAS AURIGINOSA	25.16667*	.11111	.000	24.7773	25.5560
			SAMOLLENA TYPHI	25.16667*	.11111	.000	24.7773	25.5560
			PROTEUS MIRABILIS	-25.00000*	.11111	.000	-25.3893	-24.6107
			PROVIDECIA SP	-74.83333*	.11111	.000	-75.2227	-74.4440
			MORGANELLA MORGANII	-24.83333*	.11111	.000	-25.2227	-24.4440
			KLEBSIELLA PNEUMONIAE	-24.83333*	.11111	.000	-25.2227	-24.4440
		ENTEROBACTER SP.	*E. COLI*	-25.16667*	.11111	.000	-25.5560	-24.7773
			YERSINIA ENTEROLOLITICA	.00000	.11111	1.000	-.3893	.3893
			PSEUDOMONAS AURIGINOSA	.00000	.11111	1.000	-.3893	.3893
			SAMOLLENA TYPHI	.00000	.11111	1.000	-.3893	.3893
			PROTEUS MIRABILIS	-50.16667*	.11111	.000	-50.5560	-49.7773
			PROVIDECIA SP	-100.00000*	.11111	.000	-100.3893	-99.6107
			MORGANELLA	-50.00000*	.11111	.000	-50.3893	-49.6107

	MORGANII					
	KLEBSIELLA PNEUMONIAE	-50.00000*	.11111	.000	-50.3893	-49.6107
YERSINIA ENTEROLOLITICA	*E. COLI*	-25.16667*	.11111	.000	-25.5560	-24.7773
	ENTEROBACTER SP.	.00000	.11111	1.000	-.3893	.3893
	PSEUDOMONAS AURIGINOSA	.00000	.11111	1.000	-.3893	.3893
	SAMOLLENA TYPHI	.00000	.11111	1.000	-.3893	.3893
	PROTEUS MIRABILIS	-50.16667*	.11111	.000	-50.5560	-49.7773
	PROVIDECIA SP	-100.00000*	.11111	.000	-100.3893	-99.6107
	MORGANELLA MORGANII	-50.00000*	.11111	.000	-50.3893	-49.6107
	KLEBSIELLA PNEUMONIAE	-50.00000*	.11111	.000	-50.3893	-49.6107
PSEUDOMONAS AURIGINOSA	*E. COLI*	-25.16667*	.11111	.000	-25.5560	-24.7773
	ENTEROBACTER SP.	.00000	.11111	1.000	-.3893	.3893
	YERSINIA ENTEROLOLITICA	.00000	.11111	1.000	-.3893	.3893
	SAMOLLENA TYPHI	.00000	.11111	1.000	-.3893	.3893
	PROTEUS MIRABILIS	-50.16667*	.11111	.000	-50.5560	-49.7773
	PROVIDECIA SP	-100.00000*	.11111	.000	-100.3893	-99.6107
	MORGANELLA MORGANII	-50.00000*	.11111	.000	-50.3893	-49.6107
	KLEBSIELLA PNEUMONIAE	-50.00000*	.11111	.000	-50.3893	-49.6107
SAMOLLENA TYPHI	*E. COLI*	-25.16667*	.11111	.000	-25.5560	-24.7773
	ENTEROBACTER SP.	.00000	.11111	1.000	-.3893	.3893
	YERSINIA ENTEROLOLITICA	.00000	.11111	1.000	-.3893	.3893
	PSEUDOMONAS AURIGINOSA	.00000	.11111	1.000	-.3893	.3893
	PROTEUS MIRABILIS	-50.16667*	.11111	.000	-50.5560	-49.7773
	PROVIDECIA SP	-100.00000*	.11111	.000	-100.3893	-99.6107
	MORGANELLA MORGANII	-50.00000*	.11111	.000	-50.3893	-49.6107
	KLEBSIELLA PNEUMONIAE	-50.00000*	.11111	.000	-50.3893	-49.6107
PROTEUS MIRABILIS	*E. COLI*	25.00000*	.11111	.000	24.6107	25.3893
	ENTEROBACTER SP.	50.16667*	.11111	.000	49.7773	50.5560

	YERSINIA ENTEROLOLITICA	50.16667*	.11111	.000	49.7773	50.5560
	PSEUDOMONAS AURIGINOSA	50.16667*	.11111	.000	49.7773	50.5560
	SAMOLLENA TYPHI	50.16667*	.11111	.000	49.7773	50.5560
	PROVIDECIA SP	-49.83333*	.11111	.000	-50.2227	-49.4440
	MORGANELLA MORGANII	.16667	.11111	.842	-.2227	.5560
	KLEBSIELLA PNEUMONIAE	.16667	.11111	.842	-.2227	.5560
PROVIDECIA SP	*E. COLI*	74.83333*	.11111	.000	74.4440	75.2227
	ENTEROBACTER SP.	100.00000*	.11111	.000	99.6107	100.3893
	YERSINIA ENTEROLOLITICA	100.00000*	.11111	.000	99.6107	100.3893
	PSEUDOMONAS AURIGINOSA	100.00000*	.11111	.000	99.6107	100.3893
	SAMOLLENA TYPHI	100.00000*	.11111	.000	99.6107	100.3893
	PROTEUS MIRABILIS	49.83333*	.11111	.000	49.4440	50.2227
	MORGANELLA MORGANII	50.00000*	.11111	.000	49.6107	50.3893
	KLEBSIELLA PNEUMONIAE	50.00000*	.11111	.000	49.6107	50.3893
MORGANELLA MORGANII	*E. COLI*	24.83333*	.11111	.000	24.4440	25.2227
	ENTEROBACTER SP.	50.00000*	.11111	.000	49.6107	50.3893
	YERSINIA ENTEROLOLITICA	50.00000*	.11111	.000	49.6107	50.3893
	PSEUDOMONAS AURIGINOSA	50.00000*	.11111	.000	49.6107	50.3893
	SAMOLLENA TYPHI	50.00000*	.11111	.000	49.6107	50.3893
	PROTEUS MIRABILIS	-.16667	.11111	.842	-.5560	.2227
	PROVIDECIA SP	-50.00000*	.11111	.000	-50.3893	-49.6107
	KLEBSIELLA PNEUMONIAE	.00000	.11111	1.000	-.3893	.3893
KLEBSIELLA PNEUMONIAE	*E. COLI*	24.83333*	.11111	.000	24.4440	25.2227
	ENTEROBACTER SP.	50.00000*	.11111	.000	49.6107	50.3893
	YERSINIA ENTEROLOLITICA	50.00000*	.11111	.000	49.6107	50.3893
	PSEUDOMONAS AURIGINOSA	50.00000*	.11111	.000	49.6107	50.3893
	SAMOLLENA TYPHI	50.00000*	.11111	.000	49.6107	50.3893

			PROTEUS MIRABILIS	-.16667	.11111	.842	-.5560	.2227
			PROVIDECIA SP	-50.00000*	.11111	.000	-50.3893	-49.6107
			MORGANELLA MORGANII	.00000	.11111	1.000	-.3893	.3893
Nalidixin acid	Tukey HSD	*E. COLI*	*ENTEROBACTER SP.*	-11.93333*	.19181	.000	-12.6054	-11.2613
			YERSINIA ENTEROLOLITICA	8.30000*	.19181	.000	7.6279	8.9721
			PSEUDOMONAS AURIGINOSA	8.30000*	.19181	.000	7.6279	8.9721
			SAMOLLENA TYPHI	8.30000*	.19181	.000	7.6279	8.9721
			PROTEUS MIRABILIS	-16.90000*	.19181	.000	-17.5721	-16.2279
			PROVIDECIA SP	-91.70000*	.19181	.000	-92.3721	-91.0279
			MORGANELLA MORGANII	-41.70000*	.19181	.000	-42.3721	-41.0279
			KLEBSIELLA PNEUMONIAE	-17.03333*	.19181	.000	-17.7054	-16.3613
		ENTEROBACTER SP.	*E. COLI*	11.93333*	.19181	.000	11.2613	12.6054
			YERSINIA ENTEROLOLITICA	20.23333*	.19181	.000	19.5613	20.9054
			PSEUDOMONAS AURIGINOSA	20.23333*	.19181	.000	19.5613	20.9054
			SAMOLLENA TYPHI	20.23333*	.19181	.000	19.5613	20.9054
			PROTEUS MIRABILIS	-4.96667*	.19181	.000	-5.6387	-4.2946
			PROVIDECIA SP	-79.76667*	.19181	.000	-80.4387	-79.0946
			MORGANELLA MORGANII	-29.76667*	.19181	.000	-30.4387	-29.0946
			KLEBSIELLA PNEUMONIAE	-5.10000*	.19181	.000	-5.7721	-4.4279
		YERSINIA ENTEROLOLITICA	*E. COLI*	-8.30000*	.19181	.000	-8.9721	-7.6279
			ENTEROBACTER SP.	-20.23333*	.19181	.000	-20.9054	-19.5613
			PSEUDOMONAS AURIGINOSA	.00000	.19181	1.000	-.6721	.6721
			SAMOLLENA TYPHI	.00000	.19181	1.000	-.6721	.6721
			PROTEUS MIRABILIS	-25.20000*	.19181	.000	-25.8721	-24.5279
			PROVIDECIA SP	-100.00000*	.19181	.000	-100.6721	-99.3279
			MORGANELLA MORGANII	-50.00000*	.19181	.000	-50.6721	-49.3279
			KLEBSIELLA PNEUMONIAE	-25.33333*	.19181	.000	-26.0054	-24.6613

PSEUDOMONAS AURIGINOSA	*E. COLI*	-8.30000*	.19181	.000	-8.9721	-7.6279
	ENTEROBACTER SP.	-20.23333*	.19181	.000	-20.9054	-19.5613
	YERSINIA ENTEROLOLITICA	.00000	.19181	1.000	-.6721	.6721
	SAMOLLENA TYPHI	.00000	.19181	1.000	-.6721	.6721
	PROTEUS MIRABILIS	-25.20000*	.19181	.000	-25.8721	-24.5279
	PROVIDECIA SP	-100.00000*	.19181	.000	-100.6721	-99.3279
	MORGANELLA MORGANII	-50.00000*	.19181	.000	-50.6721	-49.3279
	KLEBSIELLA PNEUMONIAE	-25.33333*	.19181	.000	-26.0054	-24.6613
SAMOLLENA TYPHI	*E. COLI*	-8.30000*	.19181	.000	-8.9721	-7.6279
	ENTEROBACTER SP.	-20.23333*	.19181	.000	-20.9054	-19.5613
	YERSINIA ENTEROLOLITICA	.00000	.19181	1.000	-.6721	.6721
	PSEUDOMONAS AURIGINOSA	.00000	.19181	1.000	-.6721	.6721
	PROTEUS MIRABILIS	-25.20000*	.19181	.000	-25.8721	-24.5279
	PROVIDECIA SP	-100.00000*	.19181	.000	-100.6721	-99.3279

	MORGANELLA MORGANII	-50.00000*	.19181	.000	-50.6721	-49.3279
	KLEBSIELLA PNEUMONIAE	-25.33333*	.19181	.000	-26.0054	-24.6613
PROTEUS MIRABILIS	*E. COLI*	16.90000*	.19181	.000	16.2279	17.5721
	ENTEROBACTER SP.	4.96667*	.19181	.000	4.2946	5.6387
	YERSINIA ENTEROLOLITICA	25.20000*	.19181	.000	24.5279	25.8721
	PSEUDOMONAS AURIGINOSA	25.20000*	.19181	.000	24.5279	25.8721
	SAMOLLENA TYPHI	25.20000*	.19181	.000	24.5279	25.8721
	PROVIDECIA SP	-74.80000*	.19181	.000	-75.4721	-74.1279
	MORGANELLA MORGANII	-24.80000*	.19181	.000	-25.4721	-24.1279
	KLEBSIELLA PNEUMONIAE	-.13333	.19181	.998	-.8054	.5387
PROVIDECIA SP	*E. COLI*	91.70000*	.19181	.000	91.0279	92.3721
	ENTEROBACTER SP.	79.76667*	.19181	.000	79.0946	80.4387
	YERSINIA ENTEROLOLITICA	100.00000*	.19181	.000	99.3279	100.6721

			PSEUDOMONAS AURIGINOSA	100.00000*	.19181	.000	99.3279	100.6721
			SAMOLLENA TYPHI	100.00000*	.19181	.000	99.3279	100.6721
			PROTEUS MIRABILIS	74.80000*	.19181	.000	74.1279	75.4721
			MORGANELLA MORGANII	50.00000*	.19181	.000	49.3279	50.6721
			KLEBSIELLA PNEUMONIAE	74.66667*	.19181	.000	73.9946	75.3387
		MORGANELLA MORGANII	*E. COLI*	41.70000*	.19181	.000	41.0279	42.3721
			ENTEROBACTER SP.	29.76667*	.19181	.000	29.0946	30.4387
			YERSINIA ENTEROLOLITICA	50.00000*	.19181	.000	49.3279	50.6721
			PSEUDOMONAS AURIGINOSA	50.00000*	.19181	.000	49.3279	50.6721
			SAMOLLENA TYPHI	50.00000*	.19181	.000	49.3279	50.6721
			PROTEUS MIRABILIS	24.80000*	.19181	.000	24.1279	25.4721
			PROVIDECIA SP	-50.00000*	.19181	.000	-50.6721	-49.3279
			KLEBSIELLA PNEUMONIAE	24.66667*	.19181	.000	23.9946	25.3387
		KLEBSIELLA PNEUMONIAE	*E. COLI*	17.03333*	.19181	.000	16.3613	17.7054
			ENTEROBACTER SP.	5.10000*	.19181	.000	4.4279	5.7721
			YERSINIA ENTEROLOLITICA	25.33333*	.19181	.000	24.6613	26.0054
			PSEUDOMONAS AURIGINOSA	25.33333*	.19181	.000	24.6613	26.0054
			SAMOLLENA TYPHI	25.33333*	.19181	.000	24.6613	26.0054
			PROTEUS MIRABILIS	.13333	.19181	.998	-.5387	.8054
			PROVIDECIA SP	-74.66667*	.19181	.000	-75.3387	-73.9946
			MORGANELLA MORGANII	-24.66667*	.19181	.000	-25.3387	-23.9946
Nitrofurantion	Tukey HSD	*E. COLI*	*ENTEROBACTER SP.*	54.20000*	14.14316	.026	4.6443	103.7557
			YERSINIA ENTEROLOLITICA	-45.80000	14.14316	.083	-95.3557	3.7557
			PSEUDOMONAS AURIGINOSA	4.06667	14.14316	1.000	-45.4890	53.6223
			SAMOLLENA TYPHI	-45.80000	14.14316	.083	-95.3557	3.7557
			PROTEUS MIRABILIS	-21.13333	14.14316	.844	-70.6890	28.4223
			PROVIDECIA SP	-15.80000	14.14316	.964	-65.3557	33.7557
			MORGANELLA MORGANII	-45.80000	14.14316	.083	-95.3557	3.7557

	KLEBSIELLA PNEUMONIAE	-8.33333	14.14316	.999	-57.8890	41.2223
ENTEROBACTER SP.	*E. COLI*	-54.20000*	14.14316	.026	-103.7557	-4.6443
	YERSINIA ENTEROLOLITICA	-100.00000*	14.14316	.000	-149.5557	-50.4443
	PSEUDOMONAS AURIGINOSA	-50.13333*	14.14316	.046	-99.6890	-.5777
	SAMOLLENA TYPHI	-100.00000*	14.14316	.000	-149.5557	-50.4443
	PROTEUS MIRABILIS	-75.33333*	14.14316	.001	-124.8890	-25.7777
	PROVIDECIA SP	-70.00000*	14.14316	.003	-119.5557	-20.4443
	MORGANELLA MORGANII	-100.00000*	14.14316	.000	-149.5557	-50.4443
	KLEBSIELLA PNEUMONIAE	-62.53333*	14.14316	.008	-112.0890	-12.9777
YERSINIA ENTEROLOLITICA	*E. COLI*	45.80000	14.14316	.083	-3.7557	95.3557
	ENTEROBACTER SP.	100.00000*	14.14316	.000	50.4443	149.5557
	PSEUDOMONAS AURIGINOSA	49.86667*	14.14316	.048	.3110	99.4223
	SAMOLLENA TYPHI	.00000	14.14316	1.000	-49.5557	49.5557
	PROTEUS MIRABILIS	24.66667	14.14316	.714	-24.8890	74.2223
	PROVIDECIA SP	30.00000	14.14316	.490	-19.5557	79.5557
	MORGANELLA MORGANII	.00000	14.14316	1.000	-49.5557	49.5557
	KLEBSIELLA PNEUMONIAE	37.46667	14.14316	.233	-12.0890	87.0223
PSEUDOMONAS AURIGINOSA	*E. COLI*	-4.06667	14.14316	1.000	-53.6223	45.4890
	ENTEROBACTER SP.	50.13333*	14.14316	.046	.5777	99.6890
	YERSINIA ENTEROLOLITICA	-49.86667*	14.14316	.048	-99.4223	-.3110
	SAMOLLENA TYPHI	-49.86667*	14.14316	.048	-99.4223	-.3110
	PROTEUS MIRABILIS	-25.20000	14.14316	.693	-74.7557	24.3557
	PROVIDECIA SP	-19.86667	14.14316	.882	-69.4223	29.6890
	MORGANELLA MORGANII	-49.86667*	14.14316	.048	-99.4223	-.3110
	KLEBSIELLA PNEUMONIAE	-12.40000	14.14316	.992	-61.9557	37.1557
SAMOLLENA TYPHI	*E. COLI*	45.80000	14.14316	.083	-3.7557	95.3557
	ENTEROBACTER SP.	100.00000*	14.14316	.000	50.4443	149.5557
	YERSINIA ENTEROLOLITICA	.00000	14.14316	1.000	-49.5557	49.5557

	PSEUDOMONAS AURIGINOSA	49.86667*	14.14316	.048	.3110	99.4223
	PROTEUS MIRABILIS	24.66667	14.14316	.714	-24.8890	74.2223
	PROVIDECIA SP	30.00000	14.14316	.490	-19.5557	79.5557
	MORGANELLA MORGANII	.00000	14.14316	1.000	-49.5557	49.5557
	KLEBSIELLA PNEUMONIAE	37.46667	14.14316	.233	-12.0890	87.0223
PROTEUS MIRABILIS	*E. COLI*	21.13333	14.14316	.844	-28.4223	70.6890
	ENTEROBACTER SP.	75.33333*	14.14316	.001	25.7777	124.8890
	YERSINIA ENTEROLOLITICA	-24.66667	14.14316	.714	-74.2223	24.8890
	PSEUDOMONAS AURIGINOSA	25.20000	14.14316	.693	-24.3557	74.7557
	SAMOLLENA TYPHI	-24.66667	14.14316	.714	-74.2223	24.8890
	PROVIDECIA SP	5.33333	14.14316	1.000	-44.2223	54.8890
	MORGANELLA MORGANII	-24.66667	14.14316	.714	-74.2223	24.8890
	KLEBSIELLA PNEUMONIAE	12.80000	14.14316	.990	-36.7557	62.3557
PROVIDECIA SP	*E. COLI*	15.80000	14.14316	.964	-33.7557	65.3557
	ENTEROBACTER SP.	70.00000*	14.14316	.003	20.4443	119.5557
	YERSINIA ENTEROLOLITICA	-30.00000	14.14316	.490	-79.5557	19.5557
	PSEUDOMONAS AURIGINOSA	19.86667	14.14316	.882	-29.6890	69.4223
	SAMOLLENA TYPHI	-30.00000	14.14316	.490	-79.5557	19.5557
	PROTEUS MIRABILIS	-5.33333	14.14316	1.000	-54.8890	44.2223
	MORGANELLA MORGANII	-30.00000	14.14316	.490	-79.5557	19.5557
	KLEBSIELLA PNEUMONIAE	7.46667	14.14316	1.000	-42.0890	57.0223
MORGANELLA MORGANII	*E. COLI*	45.80000	14.14316	.083	-3.7557	95.3557
	ENTEROBACTER SP.	100.00000*	14.14316	.000	50.4443	149.5557
	YERSINIA ENTEROLOLITICA	.00000	14.14316	1.000	-49.5557	49.5557
	PSEUDOMONAS AURIGINOSA	49.86667*	14.14316	.048	.3110	99.4223
	SAMOLLENA TYPHI	.00000	14.14316	1.000	-49.5557	49.5557
	PROTEUS MIRABILIS	24.66667	14.14316	.714	-24.8890	74.2223

			PROVIDECIA SP	30.00000	14.14316	.490	-19.5557	79.5557
			KLEBSIELLA PNEUMONIAE	37.46667	14.14316	.233	-12.0890	87.0223
		KLEBSIELLA PNEUMONIAE	*E. COLI*	8.33333	14.14316	.999	-41.2223	57.8890
			ENTEROBACTER SP.	62.53333*	14.14316	.008	12.9777	112.0890
			YERSINIA ENTEROLOLITICA	-37.46667	14.14316	.233	-87.0223	12.0890
			PSEUDOMONAS AURIGINOSA	12.40000	14.14316	.992	-37.1557	61.9557
			SAMOLLENA TYPHI	-37.46667	14.14316	.233	-87.0223	12.0890
			PROTEUS MIRABILIS	-12.80000	14.14316	.990	-62.3557	36.7557
			PROVIDECIA SP	-7.46667	14.14316	1.000	-57.0223	42.0890
			MORGANELLA MORGANII	-37.46667	14.14316	.233	-87.0223	12.0890
Cotrimoxazole	Tukey HSD	*E. COLI*	*ENTEROBACTER SP.*	8.76667*	.45134	.000	7.1852	10.3481
			YERSINIA ENTEROLOLITICA	8.10000*	.45134	.000	6.5186	9.6814
			PSEUDOMONAS AURIGINOSA	8.76667*	.45134	.000	7.1852	10.3481
			SAMOLLENA TYPHI	8.76667*	.45134	.000	7.1852	10.3481
			PROTEUS MIRABILIS	7.76667*	.45134	.000	6.1852	9.3481
			PROVIDECIA SP	8.76667*	.45134	.000	7.1852	10.3481
			MORGANELLA MORGANII	8.76667*	.45134	.000	7.1852	10.3481
			KLEBSIELLA PNEUMONIAE	-16.70000*	.45134	.000	-18.2814	-15.1186
		ENTEROBACTER SP.	*E. COLI*	-8.76667*	.45134	.000	-10.3481	-7.1852
			YERSINIA ENTEROLOLITICA	-.66667	.45134	.852	-2.2481	.9148
			PSEUDOMONAS AURIGINOSA	.00000	.45134	1.000	-1.5814	1.5814
			SAMOLLENA TYPHI	.00000	.45134	1.000	-1.5814	1.5814
			PROTEUS MIRABILIS	-1.00000	.45134	.436	-2.5814	.5814
			PROVIDECIA SP	.00000	.45134	1.000	-1.5814	1.5814
			MORGANELLA MORGANII	.00000	.45134	1.000	-1.5814	1.5814
			KLEBSIELLA PNEUMONIAE	-25.46667*	.45134	.000	-27.0481	-23.8852
		YERSINIA ENTEROLOLI	*E. COLI*	-8.10000*	.45134	.000	-9.6814	-6.5186
			ENTEROBACTER SP.	.66667	.45134	.852	-.9148	2.2481

TICA	PSEUDOMONAS AURIGINOSA	.66667	.45134	.852	-.9148	2.2481
	SAMOLLENA TYPHI	.66667	.45134	.852	-.9148	2.2481
	PROTEUS MIRABILIS	-.33333	.45134	.997	-1.9148	1.2481
	PROVIDECIA SP	.66667	.45134	.852	-.9148	2.2481
	MORGANELLA MORGANII	.66667	.45134	.852	-.9148	2.2481
	KLEBSIELLA PNEUMONIAE	-24.80000*	.45134	.000	-26.3814	-23.2186
PSEUDOMONAS AURIGINOSA	E. COLI	-8.76667*	.45134	.000	-10.3481	-7.1852
	ENTEROBACTER SP.	.00000	.45134	1.000	-1.5814	1.5814
	YERSINIA ENTEROLOLITICA	-.66667	.45134	.852	-2.2481	.9148
	SAMOLLENA TYPHI	.00000	.45134	1.000	-1.5814	1.5814
	PROTEUS MIRABILIS	-1.00000	.45134	.436	-2.5814	.5814
	PROVIDECIA SP	.00000	.45134	1.000	-1.5814	1.5814
	MORGANELLA MORGANII	.00000	.45134	1.000	-1.5814	1.5814
	KLEBSIELLA PNEUMONIAE	-25.46667*	.45134	.000	-27.0481	-23.8852
SAMOLLENA TYPHI	E. COLI	-8.76667*	.45134	.000	-10.3481	-7.1852
	ENTEROBACTER SP.	.00000	.45134	1.000	-1.5814	1.5814
	YERSINIA ENTEROLOLITICA	-.66667	.45134	.852	-2.2481	.9148
	PSEUDOMONAS AURIGINOSA	.00000	.45134	1.000	-1.5814	1.5814
	PROTEUS MIRABILIS	-1.00000	.45134	.436	-2.5814	.5814
	PROVIDECIA SP	.00000	.45134	1.000	-1.5814	1.5814
	MORGANELLA MORGANII	.00000	.45134	1.000	-1.5814	1.5814
	KLEBSIELLA PNEUMONIAE	-25.46667*	.45134	.000	-27.0481	-23.8852
PROTEUS MIRABILIS	E. COLI	-7.76667*	.45134	.000	-9.3481	-6.1852
	ENTEROBACTER SP.	1.00000	.45134	.436	-.5814	2.5814
	YERSINIA ENTEROLOLITICA	.33333	.45134	.997	-1.2481	1.9148
	PSEUDOMONAS AURIGINOSA	1.00000	.45134	.436	-.5814	2.5814
	SAMOLLENA TYPHI	1.00000	.45134	.436	-.5814	2.5814
	PROVIDECIA SP	1.00000	.45134	.436	-.5814	2.5814

	MORGANELLA MORGANII	1.00000	.45134	.436	-.5814	2.5814
	KLEBSIELLA PNEUMONIAE	-24.46667*	.45134	.000	-26.0481	-22.8852
PROVIDECIA SP	*E. COLI*	-8.76667*	.45134	.000	-10.3481	-7.1852
	ENTEROBACTER SP.	.00000	.45134	1.000	-1.5814	1.5814
	YERSINIA ENTEROLOLITICA	-.66667	.45134	.852	-2.2481	.9148
	PSEUDOMONAS AURIGINOSA	.00000	.45134	1.000	-1.5814	1.5814
	SAMOLLENA TYPHI	.00000	.45134	1.000	-1.5814	1.5814
	PROTEUS MIRABILIS	-1.00000	.45134	.436	-2.5814	.5814
	MORGANELLA MORGANII	.00000	.45134	1.000	-1.5814	1.5814
	KLEBSIELLA PNEUMONIAE	-25.46667*	.45134	.000	-27.0481	-23.8852
MORGANELLA MORGANII	*E. COLI*	-8.76667*	.45134	.000	-10.3481	-7.1852
	ENTEROBACTER SP.	.00000	.45134	1.000	-1.5814	1.5814
	YERSINIA ENTEROLOLITICA	-.66667	.45134	.852	-2.2481	.9148
	PSEUDOMONAS AURIGINOSA	.00000	.45134	1.000	-1.5814	1.5814
	SAMOLLENA TYPHI	.00000	.45134	1.000	-1.5814	1.5814
	PROTEUS MIRABILIS	-1.00000	.45134	.436	-2.5814	.5814
	PROVIDECIA SP	.00000	.45134	1.000	-1.5814	1.5814
	KLEBSIELLA PNEUMONIAE	-25.46667*	.45134	.000	-27.0481	-23.8852
KLEBSIELLA PNEUMONIAE	*E. COLI*	16.70000*	.45134	.000	15.1186	18.2814
	ENTEROBACTER SP.	25.46667*	.45134	.000	23.8852	27.0481
	YERSINIA ENTEROLOLITICA	24.80000*	.45134	.000	23.2186	26.3814
	PSEUDOMONAS AURIGINOSA	25.46667*	.45134	.000	23.8852	27.0481
	SAMOLLENA TYPHI	25.46667*	.45134	.000	23.8852	27.0481
	PROTEUS MIRABILIS	24.46667*	.45134	.000	22.8852	26.0481
	PROVIDECIA SP	25.46667*	.45134	.000	23.8852	27.0481
	MORGANELLA MORGANII	25.46667*	.45134	.000	23.8852	27.0481

*. The mean difference is significant at the 0.05 level.

Apêndice III:

Resultado bioquímico para o isolado de bactérias gram-negativas

S/NO	Bacteria	Urea	Citrate	Motility	Indole	Lactose	Sucrose	Maltose	Oxidase
5	*Enterobacter spp*	-	+	+	-	+	+	+	-
6	*Escherichia coli*	-	-	-	+	+	-	+	-
7	*Yersinia enterolotica*	+	-	+	-	+	+	+	-
8	*Pseudomonas sp*								+
9	*Escherichia coli*	-	-	-	+	+	+	+	-
10	*Salmonella typhi*	-	-	+	-	-	-	+	-
12	*Escherichia coli*	-	-	-	-	+	+	+	-
13	*Escherichia coli*	-	-	-	+	+	+	+	-
16	*Enterobacter sp*	-	+	+	-	+	+	+	-
20	*Klebsiella spp*	+	+	-	+	+	+	+	-
21	*Escherichia coli*	-	-	+	-	+	+	+	-
26	*Proteus mirabilis*	-	-	+	-	-	-	-	-
27	*Escherichia coli*	-	-	+	-	+	-	+	-
28	*Morganella morganii*	+	-	-	-	+	-	-	-
29	*Escherichia coli*	-	-	-	-	+	+	+	-
30	*Escherichia coli*	-	-	+	+	+	-	+	-
33	*Pseudomonas sp*								+
35	*Klebsiella spp*	+	+	-	+	+	+	+	-
37	*Morganella morganii*	+	-	-	+		-	-	-
38	*Escherichia coli*	-	-	-	+	+	+	+	-
39	*Klebsiella spp*	+	+	-	+	+	+	+	-
40	*Escherichia coli*	-	-	-	+	+	-	+	-
42	*Providecis sp*	-	+	+	-	+	+	+	-
43	*Escherichia coli*	-	-	+	-	+	+	+	-
47	*Klebsiella spp*	+	+	+	+	+	+	+	-
48	*Escherichia coli*	-	-	+	-	+	+	+	-
49	*Escherichia coli*	-	-	-	+	+	+	+	-
50	*Escherichia coli*	-	-	+	-	+	+	+	-
51	*Enterobacter spp*	-	-	+	-	+	+	+	-

S/NO	Bacteria	Urea	Citrate	Motility	Indole	Lactose	Sucrose	Maltose	Oxidase
52	*Escherichia coli*	-	-	-	+	+	+	+	-
53	*Klebsiella spp*	+	+	-	+		+	+	-
54	*Escherichia coli*	-	-	+	+	+	-	+	-
55	*Klebsiella spp*	-	-	+	+	-	+	+	-
56	*Klebsiella spp*	+	+	-	+	+	+	+	-
57	*Proteus mirabilis*	+	+	-	+	-	+	-	-
58	*Enterobacter spp*	-	+	+	-	+	+	+	-
60	*Escherichia coli*	-	-	-	+	+	+	+	-
62	*Pseudomonas sp*								+
63	*Salmonella typhi*	-	-	+	-	-	-	+	-
63	*Klebsiella spp*	-	+	-	-	+	+	+	-
64	*Klebsiella spp*	+	+	-	+	+	+	+	-
65	*Enterobacter spp*	-	+	+	-	+	+	+	-
66	*Escherichia coli*	-	-	+	-	+	-	+	-
67	*Escherichia coli*	-	-	+	+	+	+	+	-
71	*Escherichia coli*	-	-	+	+	+	+	+	-
71	*Escherichia coli*	-	-	-	+	+	+	+	-
72	*Pseudomonas sp*								+
73	*Proteus mirabilis*	+	-	-	-	-	-	-	-
74	*Proteus mirabilis*	+	+	+	+	-	-	-	-
78	*Escherichia coli*	-	-	-	+	+	+	+	-
79	*Escherichia coli*	-	-	-	+	+	+	+	-
80	*Escherichia coli*	-	-	-	+	+	+	+	-
81	*Escherichia coli*	-	-	+	+	+	+	+	-
82	*Enterobacter spp*	-	+	+	+	+	+	+	-

Apêndice IV:

Perfil de suscetibilidade das bactérias gram-negativas

S/NO	AUG (mm)	OFL(mm)	GEN(mm)	NAL(mm)	NIT(mm)	COT(mm)	AMX(mm)	TET(mm)
5	-	30	-	-	-	-	-	-
6	13	18	-	-	23	-	-	-
7	-	-	-	-	20	-	-	-
8	-	-	9	-	15	-	-	-
9	-	-	-	-	28	-	-	-
10	-	-	-	-	24	-	-	12
12	-	-	-	-	20	-	-	-
13	14	30	-	13	30	9	-	9
16	-	34	34	20	30	10	-	23
20	-	20	30	-	1.8	-	-	10
21	-	20	-	-	3.0	-	-	-
26	-	-	-	-	-	-	-	-
27	25	-	15	-	13	-	-	15
28	15	15	09	15	15	-	-	15
29	-	-	-	-	20	-	-	-
30	-	-	-	-	23	-	-	-
33	11	-	-	-	17	-	-	-
35	-	-	-	-	-	25	-	-
37	-	-	20	-	28	-	-	-
38	-	-	-	-	-	-	-	-
39	-	-	20	-	-	-	-	-
40	-	-	-	-	20	-	-	-
42	-	27	20	21	20	-	-	11
43	-	-	-	-	-	-	-	-
44	-	-	-	-	24	-	-	-
45	-	30	20	-	20	20	-	-
47	-	20	17	-	20	-	-	-
48	-	30	20	26	26	-	-	-
49	-	23	20	23	-	20	-	-
50	-	-	-	-	20	-	-	-
51	-	-	-	-	14	-	-	-

S/NO	AUG(mm)	OFL(mm)	GEN(mm)	NAL(mm)	NIT(mm)	COT(mm)	AMX(mm)	TET(mm)
52	-	-	-	-	22	-	-	-
53	-	-	-	-	-	-	-	-
54	-	-	-	-	-	-	-	-
55	-	-	-	-	10	-	-	-
56	-	-	-	-	14	-	-	-
57	15	30	-	-	24	-	-	-
58	10	30	-	-	-	-	-	-
60	-	13	-	-	-	-	-	-
62	-	30	-	-	20	-	-	-
63	-	-	20	20	10	27	-	-
63	-	-	-	-	30	-	-	22
64	-	-	18	-	25	-	-	-
65	-	24	-	-	-	-	-	-
66	-	20	-	-	-	-	-	-
67	-	-	16	-	14	-	-	-
68	-	-	-	-	-	-	-	-
71	-	18	-	-	22	-	-	-
72	-	24	-	-	20	-	-	-
73	-	32	20	20	20	-	-	-
74	-	-	20	-	25	-	-	-
78	-	-	-	-	-	-	-	-
79	-	-	20	-	15	-	-	-
80	-	-	22	-	-	-	-	-
81	-	-	18	-	14	-	-	-
82	-	-	-	23	08	-	-	-

Legenda: Aug-Augumentina, AMX- Amoxicilina, TET-Tetraciclina, COT-Cotrimoxazol, OFL-Floxacina, GEN-Gentamicina, NAL- Ácido Nalidixina, NIT-Nitrofurançāo, - sem inibição, mm- milímetro, 0-13-Resistente, 13-15- Intermédio, >15- Sensível.

Apêndice V

Teste bioquímico

S/NO	Catalase	Coagulase
1	+	+
2	+	-
3	+	+
4	+	+
5	+	+
6	+	-
7	+	+
8	+	-
9	+	-
10	+	-
11	+	+
12	+	+
13	+	+

14	+	-
15	+	+
16	+	-
17	+	-
18	+	+
19	+	-
20	+	+
21	+	+
22	+	+
23	+	+
24	+	+
25	+	+

Apêndice VI:

Tabela de suscetibilidade para gram positivos

S/NO	AGU(mm)	AMX(mm)	ERY(mm)	TET(mm)	CXC(mm)	GEN(mm)	COT(mm)	CHL(mm)
1	-	-	-	08	-	-	-	-
2	-	-	-	-	-	-	-	15
3	-	-	-	10	-	20	-	-
4	-	-	28	-	-	28	-	45
5	-	-	-	15	07	30	-	45
6	-	-	-	10	-	13	-	13
7	-	-	-	10	-	-	-	10
8	-	-	10	10	-	-	-	10
9	-	-	27	-	-	30	-	34
10	-	-	-	15	-	18	-	18
11	-	-	-	-	-	18	-	20
12	-	-	-	25	-	30	-	10
13	-	-	12	15	-	20	-	30
14	-	-	-	-	-	-	-	07
15	-	-	-	15	07	30	-	30
16	-	-	-	-	-	-	-	25
17	-	-	27	-	-	30	-	34
18	-	15	-	10	-	30	-	30
19	-	-	-	-	-	-	-	-
20	-	-	-	-	-	-	-	-
21	-	-	28	-	-	33	-	30
22	-	-	-	-	-	-	-	-
23	-	-	-	-	19	-	-	15
24	-	-	-	15	-	18	-	18
25	-	-	-	-	-	15	-	-

Legenda: Aug-Augumentina, AMX- Amoxicilina, ERY- Eritromicina, TET-Tetraciclina, COT-Cotrimoxazol, CHL-Cloranfenicol, CXC-Cloxacilina, OFL-Floxacina, GEN-Gentamicina, 0-14 - Resistente, 14-17- Intermédio, >17- Sensível.

MIX
Papier aus verantwortungsvollen Quellen
Paper from responsible sources
FSC® C105338

Printed by Books on Demand GmbH, Norderstedt / Germany